Où le monde minéral choisit-il ses couleurs ?

100 clés pour comprendre les roches et les minéraux

Collection *Clés pour comprendre*

Pourrons-nous vivre sans OGM ?
60 clés pour comprendre les biotechnologies végétales
Yvette Dattée, Georges Pelletier (coord.), 2014, 144 p.

Mais que fait donc ce gendarme dans mon jardin ?
100 clés pour comprendre les petites bêtes du jardin
Patrice Leraut, 2014, 160 p.

Une mer propre, mission impossible ?
70 clés pour comprendre les déchets en mer
François Galgani, Isabelle Poitou, Laurent Colasse, 2013, 176 p.

Les chauves-souris ont-elles peur de la lumière ?
100 clés pour comprendre les chauves-souris
François Prud'homme, 2013, 208 p.

Les oiseaux ont-ils du flair ?
160 clés pour comprendre les oiseaux
Luc et Muriel Chazel, 2013, 240 p.

Le jardin suit-il des modes ?
90 clés pour comprendre les jardins
Yves-Marie Allain, 2013, 136 p.

Un crapaud peut-il détecter un séisme ?
90 clés pour comprendre les séismes et tsunamis
Louis Géli, Hélène Géli, 2012, 176 p.

Éditions Quæ
RD 10
78026 Versailles Cedex, France
www.quae.com

ISBN 978-2-7592-2147-9
ISSN 2261-3188

Martial Caroff

Où le monde minéral choisit-il ses couleurs ?

100 clés pour comprendre les roches et les minéraux

Éditions Quæ

« Voilà ce que je sais des pierres que Nature
Brasse dedans les flancs de cette Terre dure. »

Rémy Belleau (1576)

Remerciements

L'auteur remercie les éditions Quæ d'avoir accepté d'éditer ce projet lithique, et tout particulièrement Nelly Courtay, qui n'a pas ménagé ses efforts à tous les stades d'avancement afin que cet ouvrage puisse voir le jour dans les meilleures conditions. Un grand merci également à Véronique Leclerc, pour ses judicieux conseils, ainsi qu'à Clarisse Robert, de Pagissime, dont les maquettes font exploser les couleurs.

Un salut amical aux relecteurs, qui ont su repérer les erreurs et, parfois, redresser judicieusement des phrases fatiguées, en danger de perdre l'équilibre : Annie Hénault, et mes collègues du laboratoire UMR n°6538 « Domaines océaniques » : Nathalie Babonneau, Jean-Alix Barrat, Bernard Le Gall et Muriel Vidal.

La reconnaissance de l'auteur va également à toutes celles et ceux qui lui ont prêté des échantillons, donné un tuyau ou fourni gracieusement des documents non libres de droits, pour faire de ce livre un écrin de belles images avec un peu de texte à côté : Arnaud Agranier, Jean-Alix Barrat, Sylvain Blais, Nolwenn Coint, Carole Cordier, Alain Coutelle, Éric Geirnaert, Bruno Granier, Horst Heising, Maxime Hoffman et l'Amicale paléo-minéralogique de Brest Bellevue, Pascale Inzerillo, René Maury, Pascal Tieffenbach, Muriel Vidal et l'Ifremer.

Un merci tout spécial à Serge Lavarde, qui, dans le cadre de ce projet, a gentiment accepté d'ouvrir en grand les portes de sa superbe photothèque de microcristaux.

Enfin, une pensée pour tous ceux, connus ou anonymes, qui ont alimenté au fil des décennies la belle collection de minéralogie du Département des sciences de la Terre de l'université de Brest, dans laquelle l'appareil photo de l'auteur a trouvé de quoi assouvir sa fringale.

Sommaire

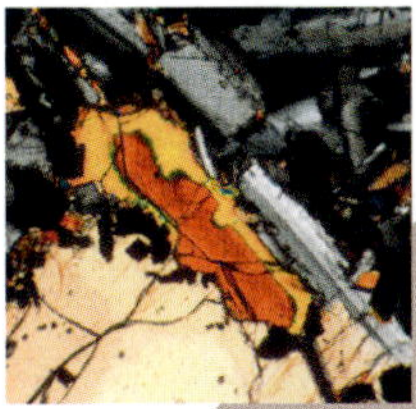

Avant-propos

Les roches et les minéraux qui constellent l'ouvrage que vous tenez en main, chère lectrice, cher lecteur, ne suivent pas la présentation habituelle des traités de pétrographie ou de minéralogie. Ces cent clés pour découvrir le monde minéral, ici regroupées en dix trousseaux, ont été façonnées sous la triple influence des *Coq-à-l'âne* de Clément Marot, des « *Meslanges* » littéraires des XVIIe-XVIIIe siècles et… du *Manuel des Castors Juniors*. Pleines de belle et bonne science (Qu'est-ce que la cristallochimie ?), en phase avec l'actualité (La fin du pétrole pour bientôt ?), amusantes (L'un est rouge de confusion quand son frère n'y voit que du bleu : qui sont-ils ?), insolentes (L'énergie nucléaire : une histoire chaotique pour un avenir radieux ?) ou surprenantes (Comment rendre un sédiment intelligent ?), les cent rubriques de ce livre sont agrémentées de multiples anecdotes scientifiques (Non ! Les dinosaures n'ont pas disparu !), historiques (Le fabuleux mystère de *Melencolia I* de Dürer), littéraires (*Laura, voyage dans le cristal* de George Sand) ou carrément décalées (Le monstre du lac de

Cristaux de wulfénite rougeâtre et de mimétite verte en provenance de Nontron (24)

Longueur moyenne : 0,6 mm

Nénesse). Inutile d'avoir suivi des cours à l'université ou bien d'être un collectionneur fondu de cristaux ou de fossiles pour goûter les *tapas* de ce petit livre. Il suffit pour cela d'un peu de curiosité et d'ouverture d'esprit. Sans jamais s'écarter du fil directeur des chapitres, les informations et les anecdotes les plus improbables s'associent, se juxtaposent, s'enchevêtrent, dans le but de faire découvrir, avec humour et légèreté, les mystères des roches et des minéraux.

Après un chapitre exposant les notions élémentaires de géologie, le livre invite à une plongée dans l'univers géométrique des cristaux. Puis toutes les grandes catégories de roches sont successivement passées au crible des questions : les roches magmatiques, sédimentaires, fossilifères, métamorphiques et extraterrestres. Retour ensuite aux cristaux avec les gemmes et l'ouvrage s'achève sur deux chapitres au cœur des préoccupations sociétales actuelles : les gisements énergétiques et les minerais.

Mais trêve de discours, il est temps d'entrer dans le vif du sujet. Cet avant-propos se terminera avec les mots d'Anselme Boèce de Boodt, qui, dans le *Parfait Joaillier* (1644), conclut ainsi son avertissement au lecteur :

« *Prenez donc, mon cher lecteur, en bonne part tout ce que j'ai fait. Ce que faisant, vous baillerez des ailes à mon esprit, pour oser davantage. Adieu.* »

Dépôts calcaires de cascade (travertin) de Yellowstone (Wyoming, États-Unis)

Sous nos pieds, la Terre

1 Quel vocabulaire pour quelle profession ?

Mais pourquoi la géologie paraît-elle si difficile à appréhender ? Ce n'est pourtant pas une science si compliquée que ça ! L'une des principales difficultés n'est-elle pas simplement le fait que le nom des roches et des minéraux change en fonction des professions ? Comment en effet s'intéresser à un sujet si on ne sait pas de quoi il est question ?

Prenons quelques exemples. Tiens, commençons par le marbrier. Déjà, le nom est bizarre, puisqu'il s'agit d'une profession qui travaille essentiellement les granites, qui sont des roches magmatiques, alors que le marbre est un calcaire métamorphique. Mais au fait, puisqu'il est question de granit(e)s : doit-on ou non mettre un « e » à ce mot ? Eh bien, ça dépend : non, si l'on est carrier ou sculpteur ; oui, si l'on appartient au monde scientifique. Le poète, lui, décidera en fonction du nombre de pieds dont il a besoin pour forger son vers… Poursuivons.

Agate colorée et quartz

Le joaillier parlera de cristal de roche, de péridot, de saphir et d'aigue-marine pour des minéraux que le géologue connaîtra sous les noms respectifs de quartz, d'olivine, de corindon et de béryl. Et si la « topaze de Californie » est bien une topaze (aluminosilicate fluoré) de couleur bleue, celle d'Écosse est un quartz fumé, celle d'Espagne, une améthyste devenue jaune par chauffage et celle du Nevada, une obsidienne. Quant au médiéviste, le terme historique d'escarboucle (du latin *carbunculus*, « petite braise ») lui sera probablement plus familier que celui de grenat. On peut ainsi multiplier les exemples à l'infini…

Mais non, pas de panique ! Ne reposez pas déjà le livre ! Il suffit de se mettre d'accord sur les termes et, promis, vous verrez les roches et les minéraux apparaître dans leur simplicité, qu'il s'agisse d'une splendide pierre de lune (feldspath) ou d'un modeste gravillon (grès ou dolérite ?) coincé dans une sandale.

2 De quoi est constituée une roche ?

Généralement de cristaux, mais pas toujours. Au fait, roche, minéral, cristal : que recouvrent exactement ces termes ? Avant d'entrer dans le vif du sujet, quelques définitions de base ne seraient peut-être pas inutiles.

Un cristal est un solide, dont les atomes, les ions ou les molécules sont rangés de manière régulière, suivant un motif fondamental qui se répète dans l'espace pour dessiner un réseau. Tout un chapitre de ce livre sera consacré à la science des cristaux ou cristallographie. **Un minéral** est une espèce chimique naturelle se présentant, le plus souvent, sous la forme d'un cristal.

Marbre de Carrare

Une roche est un matériau constitutif d'une croûte ou d'un manteau planétaire. Elle présente, à une échelle donnée, une certaine homogénéité, mais peut être séparée en plusieurs constituants, dont l'arrangement géométrique définit la texture (grenue, à grains fins, à cristaux orientés, etc.). Une roche est en général formée d'un assemblage de minéraux.Ses constituants peuvent être d'origine biologique : fragments de coquilles accumulés, végétaux enfouis, déshydratés et chauffés (charbon) ou constructions coralliennes fossiles. La brillante obsidienne volcanique est formée d'un seul constituant, solidifié mais non cristallisé : du verre. Sa texture est dite amorphe. Si le magma à l'origine du verre avait refroidi dans des conditions différentes, il aurait donné naissance à une association de plusieurs cristaux : l'obsidienne est donc bien une roche et non un minéral. Enfin, certaines roches sont liquides en conditions ambiantes (pétrole).

Les roches se classent en deux grandes catégories : les roches exogènes, formées à la surface de la Terre, et les endogènes, générées à l'intérieur du globe, à des pressions et des températures élevées. Le premier groupe comprend les *roches sédimentaires* (formées par précipitations chimiques dans l'eau ou par accumulation en milieu aquatique de fragments minéraux ou biologiques) et les *roches résiduelles* (ce qui reste d'une roche, après altération et érosion : les bauxites, par exemple). Le second groupe comprend les *roches magmatiques* (issues de la cristallisation d'un magma), *hydrothermales* (résultant de la précipitation de minéraux à la suite de circulations d'eaux chaudes dans des fractures) et *métamorphiques* (formées par déformation de roches préexistantes, magmatiques ou sédimentaires, sans passage par l'état liquide).

3 Les roches terrestres sont-elles différentes de celles des autres planètes ?

Quelques roches terrestres ressemblent à celles que l'on peut trouver sur certaines planètes.

En toute rigueur, le terme « planète » ne s'applique qu'aux grands globes orbitant autour du Soleil. Les corps célestes qui tournent autour d'autres étoiles – pour constituer d'autres systèmes stellaires – sont nommés exoplanètes. On sait peu de choses sur ces objets éloignés.

Il existe deux types de planètes : les géantes gazeuses et les corps telluriques. Dans les premières (Jupiter, Saturne, Uranus et Neptune), très volumineuses et peu denses, seul le noyau est solide. Les quatre planètes du second groupe (Mercure, Vénus, Terre et Mars) sont constituées de deux niveaux de silicates solides, le manteau et la croûte, qui enveloppent de manière concentrique un noyau partiellement liquide. Il existe donc des roches solides dans toutes les planètes telluriques, et elles sont exclusivement ou principalement d'origine magmatique. L'absence d'une tectonique des plaques proscrit l'existence de roches métamorphiques ailleurs que sur la Terre (à l'exception de celles résultant d'impacts météoritiques). Quant aux roches sédimentaires, il faut pour les former des mers ou des lacs liquides en surface.

Y en a-t-il eu sur une autre planète tellurique du système solaire ? Réponse à la *Clé* 69.

Les planètes ne sont pas les seuls corps du système solaire à être formés de roches silicatées. Certains astéroïdes (petits corps non sphériques qui orbitent autour du Soleil) sont de nature basaltique. Plus près de nous, la Lune est recouverte de roches magmatiques anciennes analogues à celles que l'on peut trouver sur Terre. Les autres satellites du système solaire ont une géologie beaucoup plus exotique : Europe (satellite de Jupiter) a une croûte de glace d'eau ; Io (Jupiter) présente un volcanisme actif, qui rejette des produits silicatés et soufrés ; Triton (Neptune) est affecté d'un cryovolcanisme actif, dont les projections gelées percent une surface composée de glaces d'azote, d'eau et de dioxyde de carbone…

4 Quel est le rôle de la tectonique des plaques dans la formation des roches ?

La tectonique des plaques décrit le mouvement relatif des différents fragments de l'enveloppe rigide de la Terre, la *lithosphère*, sur un manteau qui peut se déformer plastiquement sans se rompre, l'*asthénosphère*. Le moteur en est la dissipation de la chaleur interne de la planète. Les plaques lithosphériques mobiles, dont l'épaisseur peut varier de quelques kilomètres près des dorsales à plus de 200 kilomètres au cœur des zones continentales stables (cratons), sont constituées de la partie rigide du manteau supérieur, surmontée d'une croûte océanique (plaque Pacifique, par exemple), continentale (plaque anatolienne) ou, plus généralement, des deux (plaque africaine ou eurasiatique).

Les enveloppes superficielles de la Terre

Le manteau supérieur est composé de péridotite, une roche très magnésienne à olivine, pyroxène et grenat. La lithosphère, rigide, surmonte l'asthénosphère, plastique et convective.

La croûte océanique, dense, est de nature basaltique (riche en fer et en magnésium, pauvre en silice ; minéralogie à olivine, pyroxène et plagioclase) et a une épaisseur inférieure à 10 kilomètres.

La croûte continentale a une composition globalement granitique (riche en silice, pauvre en fer et en magnésium ; minéralogie à feldspath, quartz et mica) et présente une faible densité. Son épaisseur est généralement comprise entre 15 et 80 kilomètres (une trentaine de kilomètres en moyenne).

Frontispice du Second discours de l'*Histoire naturelle, générale et particulière* de Buffon (1749)

Les 3 types de frontières de plaques

Les zones d'accrétion se situent au niveau des dorsales. Ce sont les lieux de production de croûte océanique, phénomène dont l'une des conséquences est la mise en place dans les grands fonds de laves basaltiques en coussin ou *pillow lavas*. De part et d'autre des dorsales, les plaques s'écartent à une vitesse comprise entre 1 et 18 centimètres par an.

Les zones de subduction sont signalées par la présence de fosses océaniques. C'est au niveau de ces gigantesques « cicatrices » que la lithosphère océanique s'enfonce dans l'asthénosphère sous une plaque continentale (Andes) ou sous une autre plaque océanique (Antilles, ceinture de feu du Pacifique). La croûte plongeante se déshydrate à une certaine profondeur, ce qui induit une production de magma par fusion du manteau sus-jacent, magma qui remonte pour donner naissance aux volcans des arcs insulaires. Ce volcanisme est généralement fortement explosif, car riche en eau. Quand toute la lithosphère océanique a disparu par subduction, la collision entre deux masses continentales génère la formation d'une chaîne de montagne, au sein de laquelle se développent des roches métamorphiques et des granites.

Les failles transformantes sont des limites conservatives, où il n'y a ni disparition ni création de croûte. Elles peuvent relier entre elles deux dorsales ou une dorsale et une zone de subduction. Le mouvement des plaques se fait par coulissage le long de ces failles.

Zone de fracture Blanco, faille transformante limitant au nord la plaque Juan de Fuca et au sud la plaque Pacifique

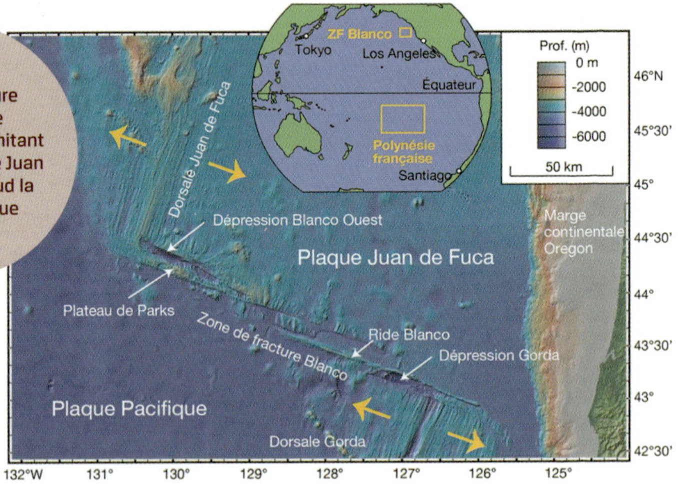

Les flèches orangées indiquent la direction de déplacement des plaques.

Les frontières de plaques sont le siège de la plupart des séismes et concentrent l'essentiel de la production magmatique terrestre. Les volcans situés en dehors de ces limites appartiennent au magmatisme dit « intraplaque ». C'est le cas par exemple des alignements volcaniques d'Hawaii et de Polynésie française. La production de magma dans ces sites est due à des zones chaudes asthénosphériques, considérées en première approximation comme des points fixes sous le « tapis roulant » de la lithosphère océanique. Ces points chauds donnent naissance à des alignements de volcans. Les édifices s'érodent et s'enfoncent au fur et à mesure qu'ils s'éloignent de la zone active. Quand le climat le permet, des récifs coralliens s'élèvent en bordure des anciens volcans, jusqu'à former des atolls au-dessus des édifices entièrement immergés.

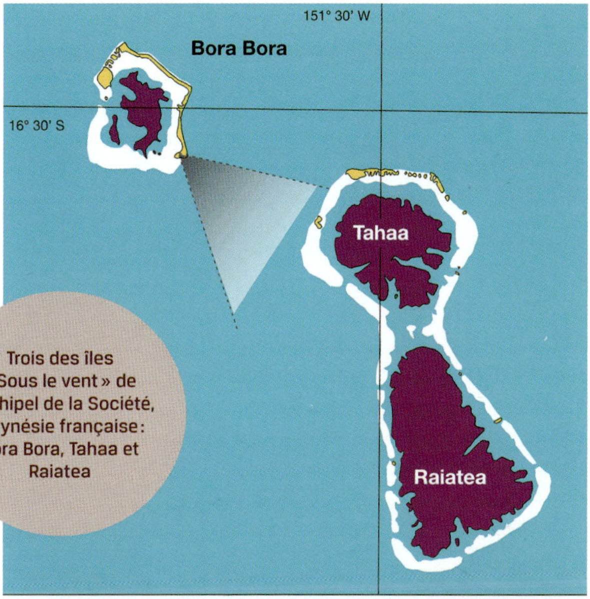

Trois des îles « Sous le vent » de l'archipel de la Société, Polynésie française : Bora Bora, Tahaa et Raiatea

Ce sont des îles volcaniques intraplaques, situées loin du point chaud actif de la Société (Mehetia), bordées de récifs coralliens. Violet : roches volcaniques ; jaune : secteurs émergés des récifs coralliens ; blanc : platier récifal. La photographie montre Tahaa et Raiatea vus de Bora Bora.

5 Quelles sont les roches les plus anciennes ?

On les trouve au cœur des cratons, ces zones continentales stables depuis des milliards d'années localisées loin des frontières actives de plaques. Les plus vieux cratons sont situés au Canada, en Australie et en Afrique du Sud. Il y a actuellement deux candidats au titre de plus vieux caillou du monde : un gneiss d'Acasta, au nord-ouest du Canada, daté à 4,02 milliards d'années, et une ancienne roche volcanique de Nuvvuagittuq, au nord du Québec, dont l'âge serait de 4,28 milliards d'années. Mais la validité de cette dernière datation a été mise en cause par certains spécialistes. Rappel : la Terre n'a « que » 4,55 milliards d'années.

Ces roches canadiennes ne sont pas les plus vieux matériaux terrestres connus : il existe en effet des minéraux plus anciens, des zircons découverts dans une formation géologique australienne. Ils ont été datés entre 4,40 et 4,30 milliards d'années. Point intéressant : l'étude des isotopes de l'oxygène présents dans ces minéraux a permis de montrer qu'il existait de l'eau liquide à la surface du globe dès cette époque.

La roche la plus ancienne de France est un gneiss d'environ 2 milliards d'années, que l'on peut observer en plusieurs endroits au cœur d'un petit craton du Massif armoricain : dans le Trégor, dans le Cotentin et au sud de l'île anglo-normande de Guernesey.

Pointe d'Icart à Guernesey, formée d'un gneiss d'environ 2 milliards d'années

6 Pourquoi et comment les roches s'érodent-elles ?

L'érosion est l'ensemble des phénomènes superficiels qui conduisent à l'abrasion des reliefs par ablation de tout ou partie des roches. Celles-ci subissent d'abord un processus chimique d'altération qui les fragilise. Cela peut aller jusqu'à la dissolution : c'est ainsi par exemple que les eaux chargées en gaz carbonique attaquent les calcaires pour donner naissance aux paysages karstiques. L'érosion peut aussi être facilitée par des mécanismes physiques, comme l'éclatement des pierres à la suite de brusques changements de température ou par l'action des racines. Les fragments de roche sont ensuite désolidarisés, puis transportés par l'eau, le vent ou les glaces du haut vers le bas des reliefs et de l'amont vers l'aval des cours d'eau. Les particules de taille diverse achèvent leur voyage dans des bassins de sédimentation où, après enfouissement, compaction et cimentation, ils donneront naissance à des roches sédimentaires (*voir Clé 31*).
Les gigantesques amoncellements de boules rocheuses, connus sous le nom de chaos, sont communément de nature granitique, mais ils peuvent concerner d'autres types de roches, comme les gabbros (équivalents des basaltes, mais à grains grossiers), les diorites (intermédiaires entre gabbros et granites) ou les grès (roche sédimentaire quartzeuse). De tout temps, ces paysages étonnants ont intrigué les peuples, qui ont tissé de multiples légendes à leur sujet. Le chaos granitique de la forêt bretonne de Huelgoat aurait ainsi été formé par le géant Gargantua, qui, furieux de n'avoir que de la bouillie de blé noir à manger, aurait de rage lancé des blocs dans la rivière. Son proche parent Boudédé, se promenant un jour le long d'un cours d'eau, y aurait jeté les graviers qui encombraient ses sabots, donnant ainsi naissance au chaos du Corong dans les Côtes-d'Armor. L'amas granitique des Pierres Jaumâtres, en Creuse, a lui aussi attiré les légendes, ainsi que le reflète la toponymie locale. Les pierres les plus remarquables portent les noms de Rigole du Diable, Siège, Grenouille, Berceau du Diable, Bascule...
Le processus de formation d'un chaos est pourtant tout ce qu'il y a de plus naturel : l'eau circulant par les fractures de la roche produit une altération en « pelure d'oignon ». Les minéraux désolidarisés se déchaussent et viennent nourrir une

arène, ou accumulation de sable grossier. Les angles de la roche fracturée s'émoussent progressivement, jusqu'à donner naissance aux boules du chaos.

7 Comment se forme un sol ?

Le sol se forme par altération de la roche, puis par apport d'eau et de matière organique.

Le sol désigne la pellicule la plus superficielle de la croûte terrestre. Il constitue l'interface entre lithosphère (sous-sol) et atmosphère/biosphère. Un sol se caractérise par différents niveaux – ou horizons –, constituant le profil suivant (du bas vers le haut) : la roche-mère fragmentée et peu transformée ; l'horizon illuvial ou d'accumulation (en gris sur le dessin) ; l'horizon éluvial ou de lessivage.

Le processus de formation du sol – ou pédogenèse – débute par l'altération de la roche, c'est-à-dire la transformation chimique de certains de ses minéraux par les agents atmosphériques. La roche devient peu à peu moins cohérente et se désagrège pour donner naissance à un sol jeune, puis à un sol mature. Les sols évolués sont soit contrôlés par les conditions climatiques (sols à croûte dans les secteurs désertiques, sols latéritiques en zones chaudes, podzols en zones tempérées froides…), soit conditionnés essentiellement par la nature de la roche-mère (rendzine sur sous-sol calcaire, ranker sur roche siliceuse en domaine montagneux).

Altération « en pelure d'oignon » (gauche : gabbro de Saint-Jean du Doigt, 29) et chaos (droite : diorite de l'île de Batz, 29)

La géologie n'étant pas avare de surprises, il n'est pas rare, en se baladant sur la côte ou à la montagne, de découvrir des profils de sol dans une falaise, parfois sous des niveaux sédimentaires. Ce sont des sols anciens – ou paléosols – formés sous des climats différents de ceux de notre époque. Certains d'entre eux constituent les roches-mères de sols en formation. C'est par exemple le cas des *terra rossa* du Sud de la France, des paléosols argileux rouges enrichis en hydroxydes de fer et d'aluminium, qui peuvent évoluer vers des sols actuels de nature différente. Curieux, non ?

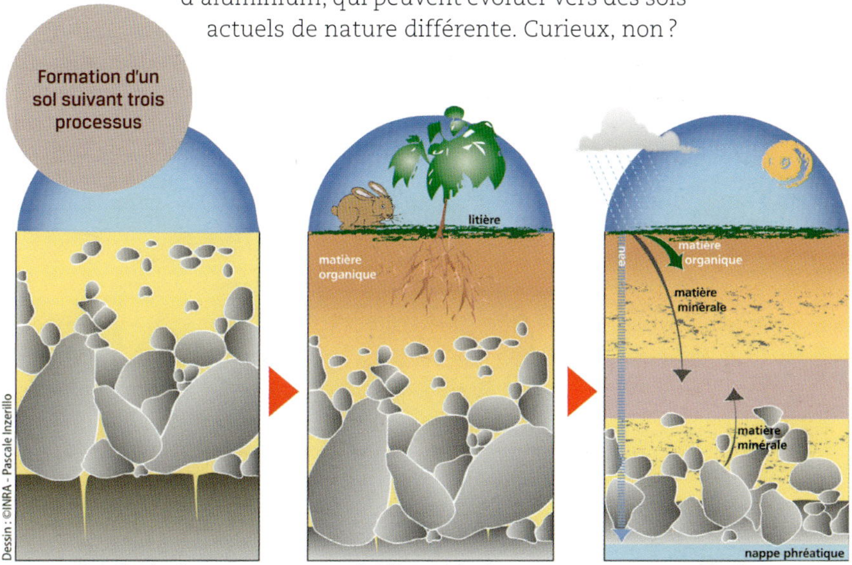

Formation du sol par altération de la roche mère — Enrichissement du sol par les matières organiques végétales et animales — Migrations et accumulations

8 Tous les minéraux sont-ils des cristaux ?

La plupart le sont, mais pas tous. Nous avons déjà vu qu'un cristal se définit comme un solide dont les particules sont disposées suivant une structure régulière. Certains minéraux n'obéissent pas à cette définition.

Le mercure à l'état natif est le seul minéral liquide en condition de pression et de température atmosphérique. Il ne devient solide qu'à -39 °C. Cet élément se rencontre plus généralement sous forme de sulfure (cinabre).

De même que le verre des roches volcaniques, les minéraux solides qui ne possèdent pas de structure cristalline sont dits amorphes. Les éléments chimiques qui les composent sont disposés de manière anarchique. L'opale-A en est l'exemple le plus connu. Il s'agit de silice hydratée, dont la structure, instable, tend à se transformer avec le temps en un agrégat de microcristaux siliceux proches du quartz (opale-CT).

La radioactivité naturelle peut causer un désordre dans le réseau cristallin. Les minéraux correspondants changent de couleur et tendent vers un état amorphe. Le quartz fumé, à la belle teinte brune, en est un exemple classique.
Enfin, certains minéraux se présentent sous la forme de concrétions, c'est-à-dire d'accumulation concentrique de matière autour d'un noyau (par exemple : la malachite, un carbonate de cuivre hydraté).

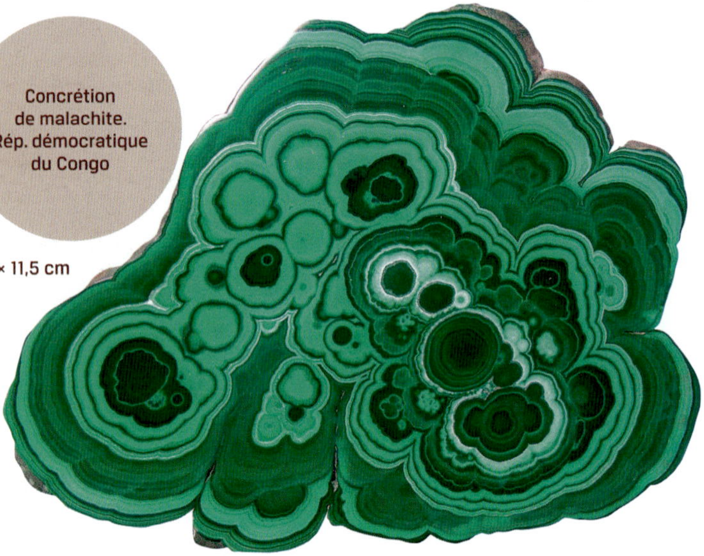

Concrétion de malachite. Rép. démocratique du Congo

15 × 11,5 cm

9 Où le monde minéral choisit-il ses couleurs ?

Un cristal est incolore si tout le spectre visible est transmis, en l'absence d'impuretés ou de défauts cristallins. Les causes de coloration, nombreuses et complexes, dépendent de la structure et de la chimie des cristaux. En voici un bref survol.

La couleur caractéristique d'un cristal, qui ne varie pas d'un individu à l'autre, est dite *idiochromatique*. Elle résulte de sa chimie propre : par exemple le vert olive qui a donné son nom à l'olivine.

La coloration découle souvent de la présence d'une espèce chimique à l'état de trace dans la structure d'un cristal. La couleur violette de l'améthyste provient de la présence d'ions de fer. Chauffé à plus de 250 °C, le cristal se décolore et il devient jaune au-delà de 500 °C (fausse citrine). Un même élément dans des réseaux cristallins distincts peut être responsable de couleurs complètement différentes. Ainsi, l'ion chrome en quantité infime transformera un banal béryl (silicate d'aluminium et de béryllium) en émeraude et un triste corindon (alumine) en rubis écarlate. Les espèces chimiques en trace dans un minéral portent le nom d'*impuretés*. On parle de dopage si la chimie est modifiée artificiellement.

Les couleurs peuvent aussi être la conséquence de défauts dans la structure cristalline : ions manquants ou en trop, qui altèrent la régularité du réseau. On peut également évoquer les échanges d'électrons entre les ions, les radiations naturelles ou bien l'incorporation d'éléments chimiques porteurs d'une couleur spécifique : le cuivre colore systématiquement les cristaux en vert (malachite) ou en bleu (turquoise) et le manganèse en rouge (béryl de cette couleur).

Théophraste, le premier minéralogiste ?

Théophraste (– 371 - – 288), le « divin parleur », est né dans l'île de Lesbos, en Grèce. Il a été l'élève d'Aristote pendant une trentaine d'années avant de lui succéder à la tête du *Lycée* vers -322. Seulement une petite partie de son œuvre considérable (240 titres selon Diogène Laërce) nous est parvenue. Théophraste est surtout célèbre pour ses *Caractères*, qui ont servi de modèles à ceux de La Bruyère au XVIIe siècle. Dans son *Peri Lithon*, le plus ancien traité connu sur les pierres, Théophraste subdivise les minéraux en fonction de leur dureté et de leur comportement au feu. Selon lui, les pierres sont un produit de la terre, tandis que les métaux tirent leur origine de l'eau. Il classe les minéraux suivant leur valeur et leur utilité. Il fait venir les perles d'un coquillage de la mer des Indes. Il mentionne l'ivoire fossile et les roseaux pétrifiés. « L'agate est une belle pierre, écrit-il. Elle vient du fleuve Achate en Sicile. Elle se vend très cher. » Saint Jérôme raconte que, bien vieux et affaibli par la maladie qui devait l'emporter, Théophraste aurait regretté de devoir sortir de la vie à un âge où il ne faisait que commencer à être sage…

Alfred Lacroix ou l'entrée de la minéralogie dans l'ère moderne

Alfred Lacroix (1863-1948), né à Mâcon (71), est un brillant minéralogiste et un pionnier de la volcanologie. Il étudie la matière minérale, non pas en tant que fin, mais comme un moyen pour mieux comprendre les mécanismes géologiques, tout particulièrement les processus volcaniques. À titre d'exemple, son étude des éruptions de la montagne Pelée en Martinique a permis de mieux comprendre la mise en place des dômes et des nuées ardentes (*voir Clé 27*). Il devient rapidement un virtuose du microscope polarisant, ce qui lui permet d'identifier de nouvelles espèces minérales. Les nombreux échantillons qu'il a rapportés de ses voyages ont enrichi les collections du Collège de France et du Muséum d'histoire naturelle de Paris.

Enfin, il faut signaler l'existence de certains effets colorés spéciaux, parfois hautement spectaculaires. L'alexandrite est un minéral qui change de couleur en fonction de la direction d'observation et de la nature de la source lumineuse (bleu-vert à la lumière du jour, il devient rose devant un feu de bois ou sous ultraviolet et gris sous un néon : *voir Clé 18* pour l'explication). L'irisation ou le scintillement sont dus à des phénomènes optiques d'interférence.

Cristal d'alexandrite (variété de chrysobéryl) du Brésil, en lumière du jour et sous éclairage ultraviolet

10 Que nous révèle le microscope du monde des minéraux ?

De belles, mais fausses couleurs…

Après la mission d'échantillonnage et avant le dépouillement des analyses chimiques, le scientifique spécialiste des roches – ou pétrologue – passe par une étape de travail qu'en général il apprécie tout particulièrement : l'étude des lames minces au microscope. Pour identifier les minéraux silicatés, le pétrologue a à sa disposition un microscope optique muni de deux filtres polarisants, aux axes croisés à 90°. Les deux directions de vibration de la lumière incidente étant perpendiculaires, celle-ci ne traverse pas la colonne optique du microscope, du moins en l'absence de matériel à observer. Une lame de roche de 30 microns d'épaisseur est disposée sur une platine entre les deux filtres. Avant d'atteindre la lame mince, la lumière, après avoir traversé le premier filtre – le polariseur –, ne vibre plus que dans une seule direction. En pénétrant dans un cristal, le rayon lumineux polarisé se dédouble en deux rayons réfractés, vibrant dans des directions perpendiculaires et se propageant à des vitesses différentes. C'est ce qu'on appelle la *biréfringence* (*voir Clé 18*). Le second filtre – l'analyseur –, situé entre la lame et l'œil, analyse le retard d'un rayon réfracté par rapport à l'autre. En fonction de la différence de vitesse, les cristaux s'habillent de couleurs caractéristiques, plus ou moins vives, qui n'ont rien à voir avec les couleurs réelles. C'est très spectaculaire, et utile pour reconnaître les minéraux.
Pour l'identification des minéraux opaques à la lumière (oxydes et sulfures), on utilise un microscope spécifique, où la lumière pénètre dans la colonne optique après réflexion sur la surface polie de la lame mince de roche.

Lame mince d'un gabbro précambrien de Guernesey (Saint-Peter's Port) et d'un basalte récent de la dorsale Juan de Fuca

30 microns d'épaisseur. Ol : olivine ; Pl : plagioclase ; Px : pyroxène – Couleurs de biréfringence en lumière polarisée et analysée

Longueur du plus grand
cristal de sphène : 0,3 mm

Spaceland ou le monde de la géométrie pure : les cristaux

11 Comment les particules chimiques sont-elles liées dans un cristal ?

Dans le monde minéral, elles sont liées entre elles par des liaisons chimiques covalentes (mise en commun d'un électron entre deux atomes), ioniques (interaction électrostatique entre ions), ou métalliques (mise en commun par les atomes d'électrons délocalisés sur tout le cristal, ce qui permet la conductivité électrique). Le diamant (carbone) est un exemple de cristal à liaison covalente, l'halite (chlorure de sodium) illustre la liaison purement ionique, tandis que les métaux natifs comme l'or, l'argent ou le cuivre présentent typiquement des liaisons métalliques. Certains cristaux accueillent plusieurs types de liaisons. Ainsi, la plupart des silicates sont des cristaux à liaisons iono-covalentes. Les micas et les argiles se caractérisent en outre par la présence de feuillets qui peuvent facilement se séparer : c'est ce qu'on appelle un *clivage* facile. La cohésion entre ces fines lamelles est assurée par un quatrième type de liaison chimique : des interactions intermoléculaires faibles « Van der Waals ». Celles-ci se rencontrent aussi dans certains cristaux moléculaires organiques, comme le sucre. Dans les cristaux de glace, les molécules d'eau sont liées par des liaisons hydrogène.

Ci-contre : sphène jaune translucide et pyroxène noir de Mendig (Eifel, Allemagne)

Les 7 systèmes réticulaires

(1) **Le système cubique** : maille cubique.
(2) Le système **quadratique** : maille en prisme droit à base carrée.
(3) Le système **orthorhombique** : maille en prisme droit à base rectangulaire.
(4) Le système **monoclinique** : maille en prisme oblique à base rectangulaire.
(5) Le système **triclinique** : maille parallélépipédique.
(6) Le système **rhomboédrique** : maille à faces losangiques.
(7) Le système **hexagonal** : maille en prisme droit à base losangique, répétée trois fois.

Les systèmes réticulaires sont souvent confondus avec les systèmes cristallins, où les réseaux sont classés en fonction de leur symétrie, mais indépendamment de la forme de la maille. Il en existe également sept. La nomenclature est la même pour les deux systèmes sauf pour les familles rhomboédriques et hexagonales. Si vous lisez quelque part « système cristallin rhomboédrique », contactez l'auteur : c'est une erreur !

12 « 7 » : chiffre magique aussi en cristallographie ?

Sept jours dans la semaine ; 7 samouraïs ; 7 nains auprès de Blanche-Neige ; 7 couleurs de l'arc-en-ciel ; 7 boules de cristal ; 7 sages en Grèce ; 7 merveilles du monde (*voir Clé 100*) ; 7 tomes dans la saga d'Harry Potter ; 7 portes à Thèbes, attaquées par 7 chefs ; 7 années de malheur à qui casse un miroir ; 7 poètes dans la Pléiade autour de Ronsard ; 7 péchés capitaux ; et… 7 systèmes réticulaires !

Les sept systèmes réticulaires

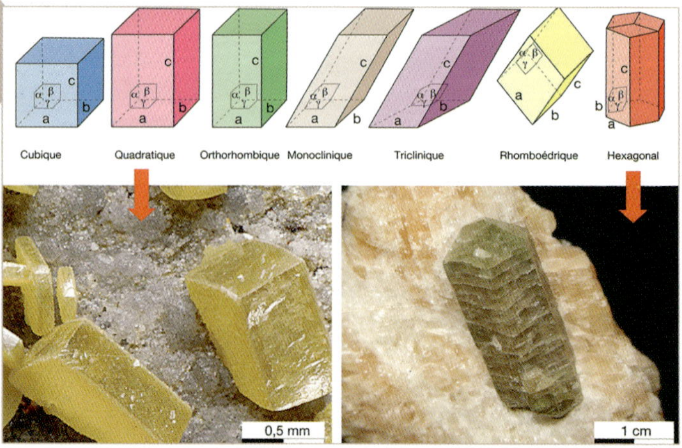

Le système quadratique est illustré par des cristaux de wulfénite de la mine de Cortijo del Humo (Albuñuelas, Grenade, Espagne) et le système hexagonal, par une apatite (phosphate de calcium) d'Otter Lake (Québec, Canada).

Les particules chimiques sont ordonnées dans le cristal, et non disposées de manière quelconque comme dans les matériaux amorphes. Un réseau cristallin est la répétition dans l'espace de la plus petite unité parallélépipédique possible, la *maille élémentaire*. Un *système réticulaire* regroupe tous les réseaux cristallins possédant une même maille élémentaire, caractérisée par les angles entre ses trois axes de référence dans l'espace et leur longueur relative.

Flatland, une allégorie mathématique (1884)

Flatland est un roman épatant, complètement dingue, écrit par le théologien anglais Edwin A. Abbott (1838-1926). Le narrateur est un carré qui décrit sa vie dans un monde à deux dimensions. Les femmes sont des lignes droites, fragiles mais dangereusement acérées, les ouvriers sont des triangles, les notables des carrés, les nobles des hexagones et les prêtres des cercles. Impossible de s'élever. Difficile donc de savoir avec qui l'on discute, puisque la forme de la figure géométrique que l'on a en face de soi n'est pas visible : on ne distingue que des points ou des droites à *Flatland*. Il faut tourner autour de son interlocuteur, étudier les lignes de fuite dans le gris du crépuscule pour deviner si c'est à un ouvrier ou à un prêtre que l'on s'adresse…

Un beau jour, passe une sphère – notre carré ne voit que le bord d'un cercle qui change sans cesse de taille et il croit avoir affaire à un fantôme. Elle conduit le narrateur à *Spaceland*, l'univers à trois dimensions. Là, le carré découvre, stupéfait, que son monde n'est qu'un constituant plat d'une réalité beaucoup plus vaste, dont il ne soupçonnait pas l'existence. Et lui apparaissent les portes ouvrant vers de nouvelles dimensions : la quatrième, la cinquième, la sixième… Plus rien ne s'oppose aux rêves géométriques !

13 Le cristal n'est-il qu'un simple grossissement de la maille élémentaire ?

Nous venons de voir que c'est possible, avec la wulfénite quadratique et l'apatite hexagonale (voir aussi les photographies de la pyrite cubique, *Clé 17*, et de la calcite rhomboédrique, *Clé 18*), mais ceci demeure exceptionnel : la plupart des cristaux ont une forme qui ne correspond pas à celle de la maille. Pourquoi ? Deux raisons, essentiellement.

Pour qu'un cristal acquière une forme propre, il ne doit pas être gêné dans sa croissance. Celle-ci doit se faire dans un milieu fluide, généralement liquide. Si le cristal croît dans un milieu solide (métamorphisme) ou dans un liquide, mais en présence de minéraux préexistants (magma partiellement cristallisé), la forme du cristal ne dépendra pas du système réticulaire, mais des contraintes de croissance. Il aura une forme irrégulière et sera dit *xénomorphe*.

Quand la croissance se fait sans gêne, le cristal prend une forme régulière, dite *automorphe*. Mais elle n'est pas obligatoirement celle du système réticulaire. En effet, des *troncatures* peuvent se former, qui correspondent au développement de faces sur un polyèdre cristallin à la place de ce qui aurait théoriquement dû être des sommets ou des arêtes. Ainsi, par troncatures à tous les sommets dans le système réticulaire cubique, on obtient un octaèdre (par exemple : magnétite ou diamant) ; si seulement un sommet sur deux du cube se transforme en face, le cristal aura une forme de tétraèdre (tétraédrite) ; des troncatures à toutes les arêtes d'un cube donnent naissance à un polyèdre à 12 faces ou dodécaèdre (grenat).

Deux espèces cristallines du système cubique ayant subi des troncatures aux sommets

En haut : magnétite (oxyde de fer) octaédrique de Yinnietharra (Australie) ; en bas : tétraédrites (antimonio-sulfure de cuivre) tétraédriques maclées du Pérou.

14 Qui sont les grands précurseurs de la cristallographie ?

Comme toute science, la cristallographie a une longue histoire chaotique. Elle s'inscrit à la croisée de celles de la géométrie, de la physique et de la chimie.

Après le divin parleur Théophraste, dont il a déjà été question, deux noms sont à retenir de l'Antiquité : celui du géographe grec Strabon (-64 – ~24), qui utilise pour la première fois le mot « krystallos » – signifiant glace – pour désigner le cristal translucide de quartz, et celui du naturaliste romain Pline l'Ancien (23-79), dont l'immense *Histoire naturelle* contient quatre livres sur les métaux et les pierres. Pline l'Ancien est mort victime de l'éruption du Vésuve à l'origine de la destruction de Pompéi, décrite à la *Clé 27*.

La renaissance allemande a son cristallographe en la personne d'Andreas Libavius (1550-1616), qui étudie les caractéristiques géométriques des cristaux préparés (sel alimentaire, alun, sel d'ammoniac, cristaux de lie, etc.) et les compare avec celles des silicates. Il étend la notion de cristal à tous les matériaux translucides polyédriques.

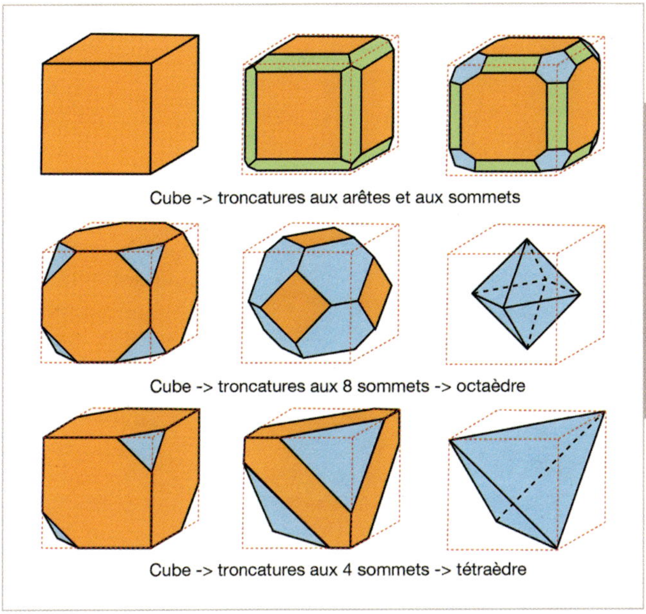

Troncatures aux arêtes et aux sommets se développant à partir d'une maille cubique

Le XVIIe siècle est celui des intuitions fécondes. L'astronome allemand Johannes Kepler (1571-1630) publie en 1611 un petit traité de 24 pages au titre poétique *L'Étrenne ou la neige sexangulaire*. Il y note la symétrie hexagonale des cristaux de neige et énonce sa fameuse conjecture, ébauche de la notion de réseau cristallin et qui ne sera démontrée qu'en 1998 : « *pour un empilement de sphères équivalentes, la compacité maximale est atteinte dans une géométrie cubique à face centrée* ». Autre pionnier, appartenant à la génération suivante : le Danois Niels Stensen (1638-1686), qui remarque que les prismes de quartz ont des angles constants, quelle que soit la forme du cristal.

Les deux principaux fondateurs de la cristallographie moderne sont des Français du XVIIIe siècle. Jean-Baptiste Romé de Lisle (1736-1790) introduit dans son ouvrage *Cristallographie* les notions de formes cristallines primitives et de troncatures. Il formule également la loi de la constance des angles, généralisation de l'observation de Stensen. L'abbé René Just Haüy (1743-1822) montre que les cristaux résultent de l'empilement de petits volumes de matière de forme identique, auxquels il donne le nom de « molécules intégrantes ». Selon la tradition, c'est la chute d'un cristal de calcite qui a conduit

René Just Haüy (1743-1822)

notre abbé à cette découverte. Il constate en effet que tous les fragments cristallins, quelle que soit leur taille, ont une même forme rhomboédrique. La molécule intégrante de Haüy est l'ancêtre de la maille, notion qui sera introduite en 1822 par son disciple Gabriel Delafosse.

Laura, voyage dans le cristal de George Sand (1865)

Alexis suit avec difficulté les cours de l'oncle Tungsténius, brillant minéralogiste. Il est amoureux de sa cousine Laura : c'est sa vocation dans la vie ! Un jour qu'il examine une géode d'améthyste en pensant à Laura, le voilà embarqué dans un drôle de voyage imaginaire au cœur du monde minéral. Il y retrouvera son aimée. Suivront d'autres explorations sensationnelles, dans une bague de cornaline, puis carrément jusqu'au pôle Nord...

On connaît George Sand (1804-1876) pour ses romans champêtres, beaucoup moins pour sa fibre fantastique. Ce conte est pourtant digne du *Voyage au centre de la Terre* de Jules Verne, paru la même année, ou des *Contes fantastiques* d'Ernst Hoffmann.

15 Qu'est-ce que la cristallochimie ?

La cristallochimie touche à l'étude de la disposition et de la nature des particules chimiques dans les réseaux cristallins. Les atomes et les ions – ou les molécules dans la glace et les cristaux organiques – constituant un solide cristallin sont supposés occuper le centre de sphères indéformables empilées dans des structures compactes, comme autant de « boules de billard ».

Auguste Bravais (1811-1863) a défini 14 types de réseaux possibles, qui sont des extensions des systèmes réticulaires (*voir Clé 12*). En plus des 7 mailles élémentaires (dont seuls les sommets sont occupés par des particules chimiques), Bravais a proposé 3 polyèdres à volume centré (cubique, quadratique et orthorhombique), 2 à faces centrées (cubique et orthorhombique) et 2 à base centrée (orthorhombique et monoclinique). Dans la structure cubique à faces centrées, la plus compacte, chaque « boule de billard » est en contact avec 12 sphères identiques, un record !

Les structures cristallines peuvent résulter de l'interpénétration de plusieurs réseaux de Bravais. Ainsi, l'halite (Na^+Cl^-) possède deux sous-réseaux cubiques à faces centrées engrenés, l'un pour le cation Na^+, l'autre pour l'anion Cl^-. La structure cristalline du diamant (C) résulte également de l'enchevêtrement de

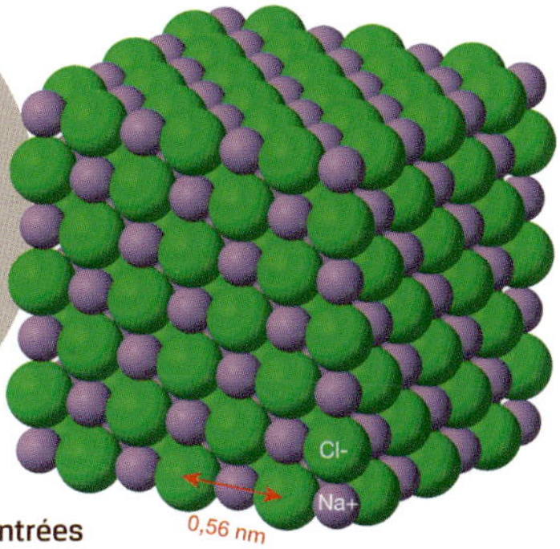

Structure cristalline du chlorure de sodium (halite ou sel gemme), à liaisons purement ioniques. Sont représentées les sphères d'influence des ions dans le réseau cristallin, plus grandes pour les anions (à charge négative) que pour les cations

Maille élémentaire : cubique.
Réseau de Bravais : cubique à faces centrées

deux réseaux cubiques centrés, mais suivant une géométrie différente de celle de l'halite.
L'*isomorphisme* correspond à une variation chimique au sein d'une même structure cristalline. Certaines familles de minéraux présentent des compositions variant entre deux ou plusieurs pôles, par substitution des éléments chimiques. L'olivine peut ainsi montrer n'importe quelle composition entre un pôle magnésien (Mg_2SiO_4) et un pôle ferreux (Fe_2SiO_4) : par exemple $Mg_{1,4}Fe_{0,6}SiO_4$.
À l'inverse, le *polymorphisme* caractérise des structures cristallines différentes d'une même composition chimique. La molécule $CaCO_3$ peut ainsi cristalliser sous forme de calcite (système rhomboédrique) ou d'aragonite (système orthorhombique). Le diamant (système cubique) est un cristal compact de carbone, tandis que le graphite (système hexagonal), de même composition, correspond à une forme de plus basse pression. La glace cristallise généralement dans le système hexagonal, ce qui se voit au niveau des cristaux de neige, mais peut dans certaines conditions de pression et de température développer des symétries plus compactes : orthorhombique, quadratique ou cubique. Il existe même de la glace amorphe, c'est-à-dire sans structure cristalline.

16 Dans quelles conditions les cristaux apparaissent-ils ?

Le mécanisme qui donne naissance aux premiers germes de cristaux à partir d'une phase liquide s'appelle la nucléation. C'est un processus très général, qui traduit un changement de phase de la matière. Les transitions gaz-liquide (liquéfaction/vaporisation), liquide-solide (solidification/fusion) ou gaz-solide (condensation/sublimation) obéissent à des lois comparables.

La nucléation cristalline a lieu dans différents types de liquides, comme les magmas ou les solutions aqueuses, thermales ou non. En contexte de métamorphisme, les nouvelles phases minérales apparaissent au détriment de cristaux préexistants, sans passage par l'état liquide.
Dans une phase liquide, les particules chimiques sont faiblement liées. Une forte concentration en une espèce chimique donnée augmente la probabilité que les particules correspondantes se rencontrent. Des agglomérats moléculaires instables peuvent se créer, qui se transforment en germes cristallins ou *nuclei* (singulier : *nucleus*) sous certaines conditions de pression et de température. Ceux-ci deviennent thermodynamiquement stables à partir d'un diamètre d'environ 10 nanomètres. Ils présentent alors une ébauche de structure cristalline.
La nucléation est favorisée par la présence d'un support, comme des cristaux préexistants ou des impuretés dans le liquide. Ce type de nucléation, dite hétérogène, requiert moins d'énergie que la nucléation sans support – ou homogène. Pour visualiser ce phénomène, se munir d'une coupe de champagne ou… d'un verre de limonade. L'apparition de bulles de gaz dans le liquide est également une nucléation et constitue donc un bon analogue à la cristallisation. Où apparaissent les bulles ? Sur la paroi du verre. Et si on ajoute une paille (dans la limonade, pas dans le champagne !), elles naissent le long du cylindre en plastique. C'est donc une nucléation hétérogène : la transition de phase se fait sur support solide de préférence au liquide libre, ce qui a pour effet d'abaisser la barrière énergétique nécessaire à la formation des *nuclei* gazeux.
En conditions magmatiques, la vitesse de nucléation – c'est-à-dire la quantité de *nuclei* produite par unité de volume durant un certain laps de temps – est plus faible dans les intrusions qui se refroidissent lentement au sein de la croûte que dans les coulées de lave en contact avec de l'eau ou de l'air. Quand la baisse de

Lame mince d'une lave basaltique en coussin de la dorsale Juan de Fuca

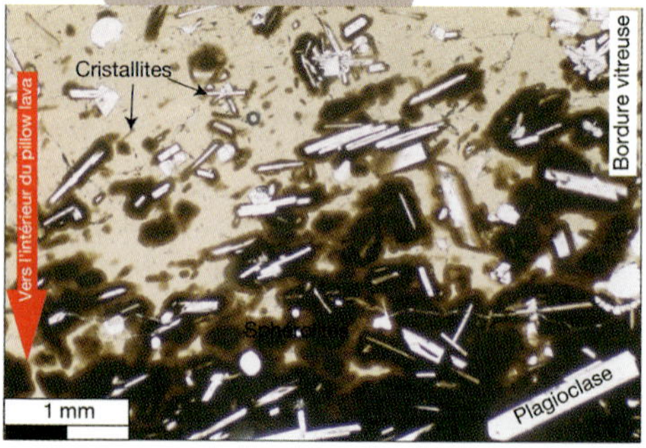

Vers le bord du coussin en contact avec l'eau de mer, la lave est vitreuse et ne contient que quelques très petits cristaux (cristallites) ; vers l'intérieur, les cristallites s'organisent en microsphères ou sphérolites – Lumière polarisée non analysée

température est brutale, par exemple au niveau de la bordure d'un coussin de basalte sous-marin, les *nuclei* n'ont pas le temps d'apparaître et le liquide magmatique se vitrifie.
Des *nuclei* de composition et de structure cristalline différentes peuvent apparaître simultanément et s'associer intimement dans une même « boîte » cristalline : c'est le cas, par exemple, du quartz et du feldspath potassique dans les pegmatites graphiques.

17 Comment croissent les cristaux ?

Pegmatite graphique, Plougoulm (29)

Co-cristallisation de quartz (gris ou ocre) et de feldspath potassique (blanc) dans un même cristal de grande taille. Le terme « graphique » vient de la ressemblance entre cette structure et l'écriture cunéiforme des Assyriens de l'Antiquité

Après qu'un *nucleus* cristallin est apparu dans un liquide aqueux ou silicaté, le processus de cristallisation se poursuit par la croissance. Celle-ci se fait par adjonction de nouvelles particules chimiques – ou unités de croissance – à la surface du germe cristallin, préférentiellement dans des zones présentant des irrégularités (défauts ponctuels du réseau, couche périphérique incomplète, aspérités). Ces rugosités de surface ont des liaisons disponibles qui sont autant d'« hameçons » pour pêcher les atomes ou les ions présents dans le liquide environnant. Les unités de croissance auront tendance à « boucher les trous » et à lisser la surface du bébé cristal, ce qui aura pour conséquence de freiner le mécanisme. Comment alors la croissance peut-elle se prolonger efficacement dans le temps ?
Le réseau cristallin est fréquemment affecté de défauts, comme les *dislocations vis*. Dans ce cas, des spirales affectent les faces cristallines : on monte d'un niveau atomique à chaque tour, de même que sur le filet d'une vis. Ces dislocations ont pour effet de créer des marches d'escalier renouvelables à la surface des cristaux, qui servent de point de départ à la genèse de nouvelles couches atomiques et permettent la perpétuation de la croissance.
La croissance ne peut se maintenir que si les conditions de milieu sont favorables. La richesse du liquide en espèces chimiques nourricières est un point fondamental, ainsi que la stabilité des conditions thermodynamiques. En conditions

Staurotide de la péninsule de Kola (Russie) montrant une macle à 90° (Croisette de Bretagne)

Pyrite de Logroño (Espagne), avec interpénétrations de cristaux cubiques

Phillipsite (du groupe des zéolites) de Schellkopf (Eifel, Allemagne), montrant une macle dite de Stempel (cristaux en croix dans les trois directions de l'espace)

magmatiques, si le refroidissement est rapide (dans le cas des laves, par exemple), les cristaux seront de petite taille et pourront présenter des défauts de cristallisation. En revanche, un refroidissement lent et régulier favorisera l'apparition de grands cristaux (par exemple, dans les granites et les gabbros). À une certaine étape de leur croissance cristalline, deux ou plusieurs cristaux de même nature peuvent s'accoler au niveau d'une face ou s'interpénétrer, suivant des lois géométriques strictes, pour former des *macles*.

18 Quels sont les effets de l'anisotropie cristalline ?

Tous les cristaux – sauf les cubiques – sont anisotropes. En d'autres termes, les propriétés physiques d'un cristal sont variables en fonction de son orientation. Cela se vérifie pour les propriétés mécaniques (plus grande résistance à la déformation selon certaines directions), la conduction thermique et les caractéristiques optiques. C'est dans cette dernière catégorie que se rencontrent les phénomènes les plus saisissants.

La lumière se propage de façon anisotrope dans un cristal non cubique. Un rayon lumineux polarisé rectilignement – dont le champ électrique vibre dans une seule direction – est, à son entrée dans le cristal, divisé en deux rayons. Ceux-ci vibrent dans des directions perpendiculaires et progressent à des vitesses différentes : c'est la *biréfringence* (*voir Clé 10*). Cette double réfraction de la lumière n'est en général détectable qu'au microscope polarisant. La calcite fait exception. C'est en effet le seul minéral usuel dont l'angle entre les deux rayons réfractés est suffisamment important pour que le phénomène puisse se voir à l'œil nu.

L'anisotropie optique se traduit par deux autres effets lumineux : le *polychroïsme* et le *pléochroïsme*. Le polychroïsme est la propriété d'un cristal translucide anisotrope, éclairé en lumière naturelle non polarisée, d'apparaître sous différentes couleurs selon l'angle d'observation. L'alexandrite est l'un des cristaux les plus

Cristal rhomboédrique transparent de calcite, Mexique

Le phénomène de double réfraction dédouble l'image du cristal de fluorine verte placé derrière la calcite (7,8 x 7,5 x 7,2 cm)

fortement polychroïque (*voir Clé 9*), mais ce n'est pas le seul : en fonction de l'angle d'observation, la cordiérite peut passer du bleu foncé au jaune, le saphir, du violet au bleu pâle, le zircon, du bleu au gris. Le pléochroïsme, très utilisé comme critère de reconnaissance des minéraux sous un microscope, est aussi une variation de teinte des cristaux anisotropes, mais exclusivement en lumière polarisée.

La « **pierre du soleil** » serait un cristal qui aurait permis aux Vikings de localiser le Soleil par temps couvert. Un instrument de navigation très pratique avant le XIe siècle, à une époque où la boussole n'a pas encore été inventée. Cette hypothèse a été avancée dans les années soixante par un historien danois, malgré l'absence de tout témoignage archéologique. La découverte récente d'un spath d'Islande (cristal de calcite rhomboédrique) dans une épave britannique du XVIe siècle, au large de l'île anglo-normande d'Aurigny, vient sérieusement renforcer cette conjecture toute théorique. Voilà en effet un excellent candidat à la prestigieuse fonction de « pierre du soleil ». Pourquoi ? Eh bien, nous avons vu que la calcite est le seul cristal commun montrant une double réfraction visible à l'œil nu. En pénétrant dans un spath d'Islande, les rayons lumineux se dédoublent et forment deux images sur la face opposée du rhomboèdre, où est positionné l'œil de l'observateur visant le ciel. Ces images sont d'intensité lumineuse différente. En tournant le cristal dans une position particulière, les intensités s'égalisent. La direction du Soleil est alors à 45° de l'axe optique du cristal. C'est précis à quelques degrés près et ça marche même quand le ciel est couvert !

La « pierre du soleil », ou comment un simple cristal de calcite guidait les Vikings

19 Si je t'avoue ma dureté, tu me diras qui je suis ?

La dureté d'un cristal se définit comme sa résistance à la destruction de sa structure par frottement. C'est un excellent critère de reconnaissance. Un cristal est plus dur qu'un autre s'il le raye. Quand on fait un test de dureté, il faut nettoyer la trace obtenue pour s'assurer qu'il s'agit bien d'une rayure et non d'une simple traînée de poudre due à l'écrasement. Attention : la fragilité d'un cristal, qui est sa sensibilité aux chocs, n'a rien à voir avec sa dureté. Le plus dur des matériaux terrestres, le diamant, est relativement fragile, car il présente des discontinuités structurales ou *plans de clivage*.

L'anisotropie cristalline, vue à la Clé précédente, s'applique aussi à la dureté, laquelle peut être très variable pour certains minéraux selon la direction où s'exerce la pression. L'exemple le plus connu est celui du disthène, un silicate d'aluminium métamorphique, qui présente une dureté de 7,5 sur l'échelle de Mohs selon l'allongement et de 4,5 dans une direction perpendiculaire.

Il existe des matériaux artificiels présentant des valeurs de dureté très élevées sur l'échelle de Mohs : le carbure de tungstène (8,5), le carbure de silicium (9,3) et le nitrure de bore cubique (9,8), deuxième matériau le plus dur après le diamant.

Conclusion : si on vous demande de choisir entre un bijou de dureté 9,8 et un autre de 10, surtout, ne vous trompez pas !

L'échelle de dureté des cristaux

Le minéralogiste allemand Friedrich Mohs (1773-1839) a proposé en 1812 une échelle qui permet de déterminer la dureté relative des cristaux, par comparaison avec **10 minéraux** communs ou emblématiques :

(1) **talc** (silicate hydroxylé de magnésium, monoclinique), friable ;

(2) **gypse** (sulfate de calcium hydraté, monoclinique), rayable à l'ongle ;

(3) **calcite** ($CaCO_3$, rhomboédrique), rayable avec une pièce en cuivre ;

(4) **fluorine** (CaF_2, cubique), rayable au manche de cuiller ;

(5) **apatite** (phosphate de calcium, hexagonale), rayable au couteau ;

(6) **orthose** (feldspath potassique, monoclinique), rayable à la lime ;

(7) **quartz** (SiO_2, hexagonal), raye une vitre ;

(8) **topaze** (silicate fluoro-hydroxylé d'aluminium, orthorhombique), rayable par lui-même et les cristaux suivants ;

(9) **corindon** (Al_2O_3, incluant le saphir et le rubis, rhomboédrique), rayable par lui-même et le diamant ;

(10) **diamant** (C, cubique), ne peut être rayé que par un autre diamant.

20 Quels sont les plus grands cristaux jamais découverts ?

Les plus gros cristaux connus – et préservés – ont été découverts le 4 décembre 1999 dans la mine de plomb, d'argent et de zinc de Naica, dans l'État de Chihuahua au Mexique. Deux mineurs perçant un conduit d'aération sont tombés sur une immense géode remplie d'eau chaude, à 290 mètres de profondeur. Après vidange de la grotte, sous une température de 50 °C, ils y ont découvert des cristaux de gypse atteignant une longueur de 11,4 mètres, un diamètre de 1,2 mètre et une masse de plus de 30 tonnes. Les cristaux ont lentement poussé dans l'eau thermale, de la paroi vers le centre de la cavité. L'absence de toute gêne à la croissance et la stabilité des conditions thermiques et chimiques ont permis le développement de ces très grands cristaux blancs aux formes pures.

Un autre site connu pour ses cristaux géants est la mine de lithium Etta, près de la ville de Keystone, dans les Black Hills américains. En activité de 1883 à 1959, elle a livré de gigantesques cristaux de spodumène, un pyroxène lithinifère peu commun. Des photographies anciennes montrent des cristaux pouvant atteindre une taille de 14 mètres. Ce sont donc les plus longs connus, mais leur masse semble avoir été inférieure à celle des gypses de Naica. Ces minéraux géants appartiennent à des pegmatites, des filons qui apparaissent à la fin de la cristallisation des massifs granitiques.

Autres localités réputées pour leurs cristaux géants : l'Oural, où l'on a découvert des prismes de quartz de plus de dix tonnes, Madagascar, dont les amazonites (feldspaths bleus) de plusieurs kilogrammes font l'objet d'un commerce intense, et le Brésil, pour ses béryls hors norme, dont une émeraude de 11 kilogrammes, soit 57 000 carats !

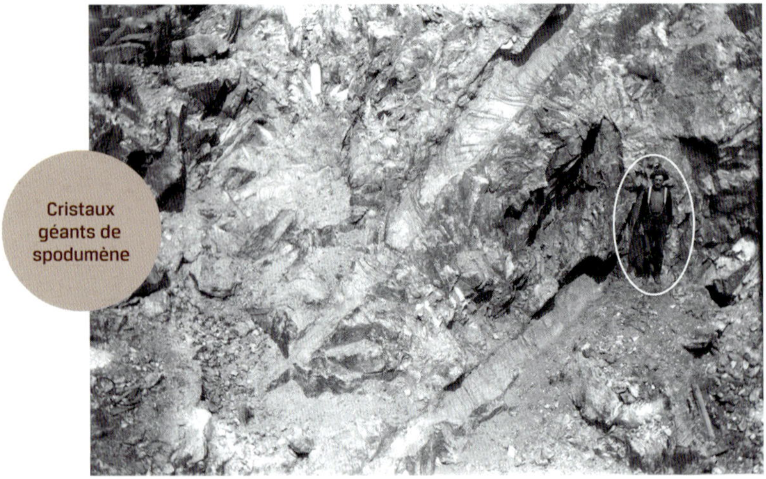

Photographie prise en 1904 à la mine Etta, Black Hills, Pennington County, Dakota du Sud (États-Unis)

Filles du feu et des entrailles : les roches magmatiques

Épanchement de lave du Kilauea (Hawaii, États-Unis), 22 mars 1969

21 Qu'est-ce qu'un magma ?

Un magma est un liquide visqueux de haute température (mise en place entre 600 et 1250 °C) qui se solidifie en roche, soit à plusieurs kilomètres de profondeur par refroidissement lent (roches plutoniques), soit en surface par refroidissement rapide au contact de l'eau ou de l'air (roches volcaniques). Une lave est un magma s'épanchant en surface. Les liquides silicatés contiennent des solides (minéraux cristallisés en profondeur, fragments de manteau ou de croûte) et du gaz dissous (essentiellement de l'eau, un peu de gaz carbonique). Des bulles se forment quand la concentration en gaz franchit le seuil de saturation, par décompression lors de la remontée magmatique ou en conséquence de la cristallisation dans une coulée de lave.

Les magmas ont généralement une composition silicatée (*voir Clé 30*). Par conséquent, l'essentiel des minéraux présents dans les magmas communs et dans les roches issues de leur solidification sont des silicates. Ils se caractérisent par le motif élémentaire tétraédrique $[SiO_4]^{4-}$, comportant un cation Si^{4+} au centre et des anions O^{2-} aux quatre sommets. Associés aux silicates, on trouve des oxydes de fer et de titane (titanomagnétite), des phosphates (apatite) et parfois des carbonates (calcite).

En fonction de leur composition, on peut distinguer au sein des magmas silicatés : les magmas basaltiques, qui s'épanchent sur le plancher océanique, pauvres en silice, riches en fer et en magnésium, de faible viscosité et de haute température (1 100-1 250 °C), à olivine, pyroxène et plagioclase ; les magmas granitiques, typiquement continentaux, riches en silice, visqueux et de basse température (700-900 °C), à feldspath potassique, quartz et

Géologue échantillonnant du magma s'écoulant dans un tunnel sous une croûte de lave solidifiée, pour effectuer des analyses chimiques. Notez la surface drapée de la coulée, typique d'un écoulement fluide. Kilauea, Hawaii, États-Unis (2010)

mica ; et les magmas andésitiques, typiques des arcs insulaires, présentant des caractéristiques intermédiaires entre les deux précédents types, à plagioclase et amphibole.

22 Comment naît un magma et pourquoi remonte-t-il ?

La plupart des magmas trouvent leur origine primaire dans le manteau supérieur, constitué de roches riches en olivine, les péridotites. Contrairement à ce qu'affirme un racontar trop répandu, l'intérieur du globe n'est pas liquide (à l'exception d'une partie du noyau). Pour produire du magma, il faut donc envisager un mécanisme de fusion. Celle-ci s'enclenche entre 150 kilomètres et 20 kilomètres de profondeur, lorsqu'est atteint le point de fusion de certains des minéraux de la péridotite. La fusion mantellique est donc partielle (quelques pour cent). Le liquide magmatique formé, de composition basaltique, coexiste avec les minéraux non fondus du manteau. Notons que certains granites naissent directement de la fusion de la croûte continentale.

Mais qui est donc Amara Juliana Olivians Aquilla ?

Dans l'univers Marvel, c'est Magma, apparue pour la première fois dans un *comics* de 1983. Quand elle s'énerve, Magma produit une forte chaleur en se couvrant de lave. Ses super pouvoirs lui permettent de contrôler le mouvement des plaques tectoniques. Elle peut ainsi provoquer des séismes et des éruptions volcaniques. Magma a eu une liaison avec Iceberg, un mutant capable d'englacer son environnement : c'est ce qu'on appelle une belle complémentarité amoureuse...

Qu'est-ce qui provoque la fusion ? Une augmentation de la température n'est généralement pas suffisante, étant donné les fortes pressions régnant dans le manteau, qui tiennent le système éloigné du point de fusion des roches. Pour atteindre les conditions de fusion, il faut, soit diminuer la pression (par remontée de péridotite depuis des zones profondes, sans perte de chaleur), soit introduire de l'eau dans le manteau (à la suite d'une subduction, par exemple).

Une fois formé, pourquoi le magma ne reste-t-il pas bien au chaud en profondeur ? Qui le pousse à nous rejoindre en surface ? Newton ! La densité du magma est en effet toujours plus faible que celle du matériau solide qui lui a donné naissance. Il s'élève donc par simple instabilité gravitationnelle, à la vitesse de quelques kilomètres par million d'années. Lorsque le magma rencontre une résistance, il s'accumule dans un réservoir profond et y stagne durant parfois plusieurs centaines de milliers d'années. Les gaz présents dans le magma ne jouent un rôle dans sa montée que dans les dernières centaines de mètres. La décompression entraîne alors l'apparition de bulles, qui accélèrent l'ascension. Celle-ci peut être facilitée par de grandes failles verticales. Quand plus de 75 % en volume du magma ascendant est sous forme de vapeur, à très faible profondeur, la croissance des bulles devient difficile et la pression gazeuse augmente. Quand elle dépasse la pression ambiante, il peut y avoir éruption explosive.

23 Pourquoi une telle diversité de magmas ?

À cause de l'évolution. Darwin aurait pu étendre sa théorie aux êtres inanimés. En effet, les animaux et les végétaux ne sont pas les seules entités naturelles à évoluer : les magmas le font aussi !

Nous avons vu qu'un magma basaltique, en cours de remontée depuis la zone de fusion du manteau, peut rester stocké pendant une longue période dans un réservoir – ou chambre magmatique – de la croûte. Le magma se retrouve bloqué dans un environnement moins chaud que celui où il a pris naissance. Il refroidit lentement, apparaissent alors des cristaux suivant un ordre bien défini, qui dépend de la composition initiale du magma. Les minéraux cristallisent généralement en périphérie du réservoir, là où la température est la plus basse, mais ils peuvent aussi, dans certains cas, apparaître ou se retrouver dans la partie centrale, puis s'accumuler au fond par densité. Dans les deux cas, les minéraux vont s'isoler du bain silicaté, lequel, s'appauvrissant en éléments chimiques constitutifs des cristaux, verra sa composition évoluer. La cristallisation de l'olivine et du pyroxène appauvrira peu à peu le liquide en magnésium, celle du plagioclase, en calcium, celle de la titanomagnétite, en fer et en titane, etc. En revanche, le magma s'enrichira en éléments pas ou peu incorporés dans les premiers minéraux à apparaître : silicium, sodium, potassium... Ce processus global se nomme *cristallisation fractionnée*. Il permet de transformer un basalte en andésite, puis en trachyte ou en rhyolite. La cristallisation fractionnée fait baisser la densité du liquide magmatique résiduel et, si la pression n'est pas trop élevée, elle favorise l'apparition de bulles de gaz. Ce mécanisme d'évolution du magma aura donc pour effet, tôt ou tard, la reprise de l'ascension magmatique. Mais la lave qui s'écoulera de la bouche volcanique n'aura plus grand-chose à voir avec son « parent » primitif, issu de la fusion partielle de la péridotite du manteau.

D'autres mécanismes peuvent influer sur l'évolution de la composition chimique d'un magma dans un réservoir : le mélange entre deux liquides de nature et parfois d'origine différentes, l'*assimilation*, qui est l'incorporation, puis la digestion de fragments de roches encaissantes.

24 Roches plutoniques, roches volcaniques, quelles différences ?

Elles se distinguent par leur texture, résultant de conditions de mise en place différentes : les roches plutoniques, qui cristallisent lentement en profondeur dans des plutons et dont les minéraux sont tous visibles à l'œil nu, ont une texture *grenue* ; les roches volcaniques, émises en surface sous la forme de coulées ou de projections fragmentées au cours d'une éruption explosive, contiennent quelques rares minéraux visibles à l'œil nu (*phénocristaux* automorphes) dans une pâte microcristalline ou vitreuse (*voir Clé 10*). Chaque roche plutonique a un équivalent volcanique de même composition chimique et de même minéralogie : gabbro/basalte, diorite/andésite, syénite/trachyte, granite/rhyolite. Un magma qui cristallise à mi-profondeur donne naissance à un *filon* quand il remplit une fracture et se solidifie en lame, ou à un *neck* lorsqu'il comble une cheminée d'alimentation volcanique et se présente, une fois cristallisé, sous la forme d'un cylindre vertical. Pour obtenir le nom des roches magmatiques de mi-profondeur, il suffit d'ajouter le préfixe « micro » au nom de la roche plutonique équivalente (microdiorite, microsyénite, microgranite, etc.), sauf pour l'équivalent filonien du basalte et du gabbro, qui porte le nom de *dolérite*.

Gabbro précambrien de Beaucette, Guernesey (massette pour l'échelle)

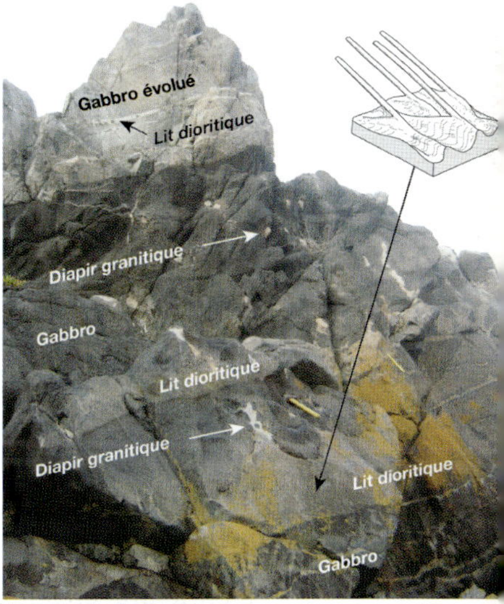

L'affleurement est constitué d'un cumulat gabbroïque sombre surmonté d'un niveau de gabbro clair évolué. Ces deux types de roches sont traversés par des lits de diorite. Au cours de la cristallisation des diorites, un liquide de composition granitique, léger et riche en gaz, s'est accumulé au sommet des lits, puis a percé le gabbro sus-jacent non encore solidifié sous la forme de diapirs en cylindres inclinés. Original, non ?

Les cumulats correspondent à un type particulier de roches plutoniques. En simplifiant, on peut dire qu'ils résultent, non de la lente cristallisation d'une poche de magma, mais de l'accumulation de cristaux en bordure d'un réservoir magmatique au cours d'un processus de cristallisation fractionnée (*voir Clé précédente*). Les cumulats gabbroïques sont souvent composés d'une alternance de niveaux sombres et de niveaux clairs, qui résulte d'une variation des proportions de cristaux (sombres : pyroxène ± olivine ± amphibole ; clairs : plagioclase). La coupe classique d'une croûte océanique en contexte de dorsale rapide – de type Pacifique – expose au-dessus des péridotites du manteau, de bas en haut sur une épaisseur de 5 à 10 kilomètres : des gabbros lités (cumulats de base de chambre magmatique), des gabbros massifs (partie supérieure ou latérale de la chambre), des filons verticaux de dolérite (alimentation de la dorsale), des laves basaltiques en coussin (*pillow lavas*), des sédiments.

Les différents styles d'éruptions volcaniques

(1) **Les éruptions islandaises et hawaïennes,** à coulées fluides, pauvres en gaz, émises respectivement par des fissures et par la cheminée centrale de larges édifices coniques surbaissés, dont le cratère est généralement rempli de magma : les volcans boucliers, « volcans rouges » typiques.
(2) **Les éruptions stromboliennes** (du Stromboli, dans les îles Éoliennes), faiblement explosives, formant de petits cônes où les accumulations de projections bulleuses de quelques millimètres ou centimètres (scories) alternent avec des coulées (par exemple : chaîne des Puys).
(3) **Les éruptions vulcaniennes** (du Vulcano, dans les îles Éoliennes), à explosivité modérée à forte, donnant naissance à des stratovolcans constitués d'une alternance de niveaux de projections (ponces et cendres) et de rares coulées de lave.
(4) **Les éruptions péléennes** (de la montagne Pelée, en Martinique), issues de volcans dont la cheminée est obstruée par un dôme de lave visqueuse qui piège les gaz à l'intérieur de l'édifice, ce qui peut provoquer des explosions latérales, suivies d'écoulements à haute température et à grande vitesse de gaz, de magma et de blocs de lave fragmentée : les *nuées ardentes*.
(5) **Les éruptions pliniennes** (de Pline le Jeune, *voir Clé 27*), à explosivité extrême, rejetant d'énormes quantités de ponces et de cendres, caractéristiques d'édifices à cratère ouvert contenant des magmas visqueux très riches en gaz.
(6) **Les éruptions produites par des interactions avec de l'eau** souterraine (*phréatomagmatisme*, générant des anneaux de projections ou *maars*) ou sous-marine (*hydromagmatisme*).

25 Quels sont les différents styles éruptifs ?

La classification des styles d'éruptions volcaniques est basée sur les témoignages et les observations directes d'événements, ainsi que sur la nature des matériaux impliqués. On distingue classiquement les *volcans gris* – à laves visqueuses, de composition généralement andésitique et à dynamisme explosif – des *volcans rouges* – à laves basaltiques fluides, qui se mettent en place sous forme de coulées. Les spécialistes regroupent les différents styles d'éruption en six catégories principales.

Une échelle d'explosivité volcanique (VEI : *Volcanic Explosivity Index*) a été proposée par deux volcanologues américains en 1982. Ils se sont basés sur le volume des matériaux éjectés et les observations des témoins pour établir une échelle ouverte de 0 (éruption non explosive de type hawaïenne) à 8 (éruption cataclysmique de type ultra-plinienne). Un événement de ce dernier type peut éjecter 1 000 kilomètres cubes de produits et présenter une colonne éruptive de plus de 30 kilomètres de haut, telle l'éruption du Yellowstone il y a 640 000 ans ou celle du Toba – Sumatra – il y a 73 500 ans. L'hiver volcanique qui a découlé de ce dernier événement aurait, selon certaines théories (contestées), conduit l'humanité naissante au bord de l'extinction.

Styles éruptifs classés en fonction de l'explosivité des volcans et de la hauteur des panaches

Phréatoplinien : style éruptif plinien, après interactions entre magma et eau souterraine

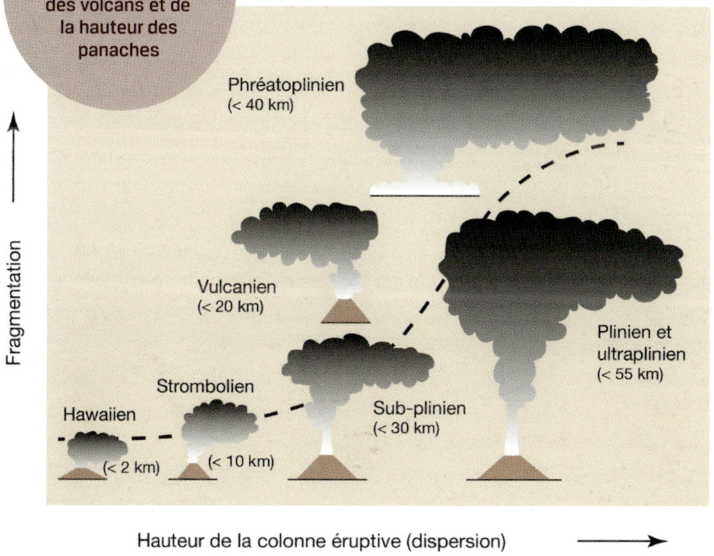

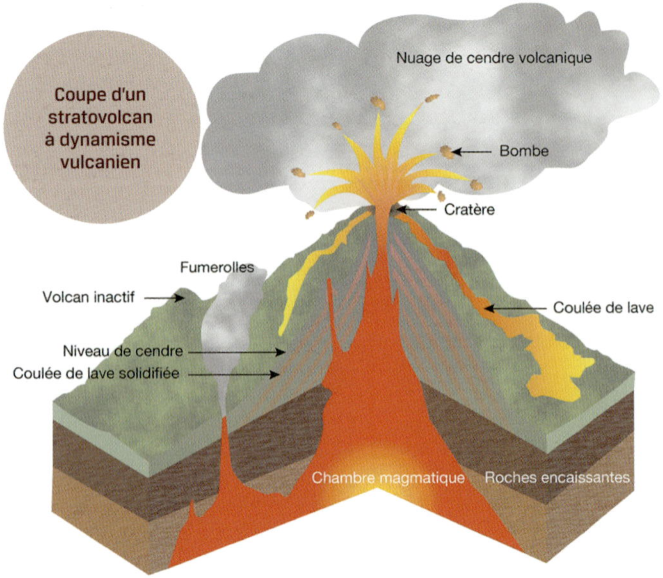

26 Peut-on prévoir une éruption et en évaluer les risques ?

La prévision volcanologique est en plein essor. Elle est basée sur différentes techniques permettant de détecter les phénomènes précurseurs : la sismologie, l'étude de la déformation des volcans et la mesure de l'inclinaison de sa pente, l'analyse des gaz volcaniques et la mesure de la température des fumerolles. L'utilisation de drones munis de capteurs pourrait bientôt révolutionner le travail des volcanologues. Les édifices les plus dangereux, situés dans des zones à forte densité de peuplement, font l'objet d'une surveillance permanente à partir d'observatoires, ce qui doit permettre la prévision à plusieurs jours ou plusieurs semaines, dans le meilleur des cas. La notion de risque résulte de l'intégration de trois facteurs : l'aléa, c'est-à-dire la probabilité d'un événement, l'exposition, représentant la répartition géographique des infrastructures et des habitations, la vulnérabilité, qui est l'évaluation des dégâts possibles. À partir de l'analyse de ces facteurs, les spécialistes établissent des cartes de risques. Des systèmes d'alerte et d'évacuation peuvent alors être mis en place : signaux sonores, abris, itinéraires d'évacuation, etc.

Dans le domaine de la volcanologie, sept risques majeurs ont été identifiés : (1) **les coulées de laves**, spectaculaires mais généralement peu dangereuses, dont le trajet peut être dévié par des obstacles (Etna en Sicile) ou la progression stoppée par de vigoureuses projections d'eau (comme par exemple dans l'île islandaise d'Heimaey, en 1973) ;
(2) **la libération de gaz**, pendant ou entre les éruptions ;
(3) **les retombées de projections** : risque direct pour les blocs et les ponces, indirect pour les particules fines, qui peuvent par ingestion abîmer le palais des herbivores et entraîner des famines ;
(4) **les avalanches de débris**, résultant de l'effondrement d'un flanc de volcan (par exemple le mont Saint Helens, Washington, en mai 1980) ;
(5) **les nuées ardentes**, redoutables, mais qui n'affectent généralement qu'un secteur de volcan ;
(6) **les coulées boueuses** ou lahars, responsables de la deuxième plus grande catastrophe volcanique du XXe siècle : l'éruption du Nevado del Ruiz en Colombie, 1985 ;
(7) **les tsunamis**, qui peuvent être provoqués par des tremblements de terre ou par des éruptions volcaniques.

Les sept risques volcaniques

27 A-t-on des témoignages directs d'éruptions historiques ?

Ces témoignages sont exceptionnels. En voici des exemples qui ont immortalisé deux catastrophes à l'impact historique considérable, se rapportant chacune à un dynamisme éruptif différent.
(1) « *Il* (Pline l'Ancien) *demande ses chaussures, monte à l'endroit d'où on pouvait le mieux contempler le phénomène en question : une nuée se formait (on ne pouvait bien voir de loin de quelle montagne elle sortait, on sut ensuite que c'était du Vésuve), ayant l'aspect et la forme d'un arbre et faisant penser surtout à un pin. Car après s'être dressée à la manière d'un tronc fort allongé, elle déployait comme des rameaux, ayant été d'abord, je suppose, portée en haut par la colonne d'air au moment où elle avait pris naissance, puis, cette colonne étant retombée, abandonnée à elle-même ou cédant à son propre poids, elle s'évanouissait en s'élargissant ; par endroits elle était d'un blanc brillant, ailleurs poussiéreuse et tachetée, par l'effet de la terre et de la cendre qu'elle avait emportées (...) Pendant ce temps, le sommet du mont Vésuve brillait sur plusieurs points de larges flammes et de grandes colonnes de feu dont la rougeur et l'éclat étaient avivés par l'obscurité de la nuit.* » (Traduction A.-M. Guillemin). Ce célébrissime passage, extrait de la lettre VI-16 de Pline le Jeune à

Le mont Saint Helens (Washington, États-Unis) en 1979, vu du nord-est. L'étendue d'eau au premier plan à droite est le lac Spirit

Tacite, est la toute première description volcanologique – remarquable de précision ! – d'une éruption dont le type porte depuis le nom de l'auteur : plinien. L'épistolier a en effet été témoin du réveil du Vésuve en 79, à l'origine de la disparition des villes de Pompéi et d'Herculanum, ainsi que de la mort de son oncle le naturaliste Pline l'Ancien (*voir Clés 14, 61 et 94*). Les deux cités ont été dévastées par une série d'écoulements de ponces et de cendres depuis le panache plinien, qui ont dévalé les pentes du volcan.

(2) « *J'ai senti souffler un vent terrible, la terre commençait à trembler et le ciel devint soudainement noir. Je retournai dans ma maison, montai avec de grandes difficultés les trois ou quatre marches qui me séparaient de celle-ci, et sentis mes bras et mes jambes me brûler, et tout mon corps (...) Fou et presque évanoui, je me suis jeté sur un lit, inerte et attendant la mort. Mes sens me sont revenus peut-être une heure après, quand j'ai vu le toit brûler. Avec la force de vie suffisante, mes jambes saignantes et couvertes de brûlures, j'ai couru à Fonds-Saint-Denis, à six kilomètres de Saint-Pierre.* » Cet impressionnant témoignage est celui de Léon Compère-Léandre, l'un des rares survivants à l'événement volcanique le plus meurtrier du XXe siècle, avec ses 29 000 morts : l'éruption de la montagne Pelée en Martinique, qui raya de la carte la ville de Saint-Pierre

Le mont Saint Helens se reflétant dans le lac Spirit le 19 mai 1982, c'est-à-dire deux ans après l'éruption du 18 mai 1980.

L'avalanche de débris d'un volume de 2,3 km^3 – qui a ouvert la voie à de nombreuses nuées ardentes – est responsable d'une baisse de l'altitude du volcan de 2 950 m à 2 549 m et de la formation d'un cratère en fer à cheval large de 1,5 km.

le 8 mai 1902. Il s'agit de la première éruption étudiée scientifiquement, en particulier par le géologue Alfred Lacroix (*voir Clé* 10). Elle a donné son nom aux éruptions de type péléen, caractérisées par un dôme visqueux piégeant les gaz à l'intérieur du volcan, jusqu'à explosion et formation de nuées ardentes. Le journaliste Jean Hess est

Moulages de victimes de Pompéi enfouies sous les cendres du Vésuve lors de l'éruption de 79

passé plusieurs fois en bateau devant Saint-Pierre entre le 22 mai et le 1er juin 1902. Voici le témoignage (dans un style bien de l'époque) qu'il livre dans son ouvrage *La catastrophe de la Martinique. Notes d'un reporter* (1902) : « *Et jamais peintre ne trouvera, sur sa palette, ce qu'il y avait de lugubre, en ce noir, en ce blanc, sous les lueurs du volcan, sous ces lueurs qui, maintenant jaunes des boues et des cendres qu'elles portaient, verdissaient les bleus de la nuit. Et nous approchions davantage. Nous passions plus près, tout près de Saint-Pierre, tout près de ce qui avait été Saint-Pierre. Et alors, ce n'était plus que de l'horreur… Le chaos. Des ruines blanches sous la nuit, des ruines qui semblaient une ville de tombes, et d'où nous venaient des puanteurs avec des cendres… Ce blanc, qui couvrait la montagne ; ce blanc, qui couvrait les ruines, suaire immense, tout ce blanc, d'un blanc que nos yeux n'avaient jamais vu, tout ce blanc, qui restait blanc dans la nuit, c'étaient les cendres, les cendres qui avaient tué…* »

Célèbre cliché de Saint-Pierre (Martinique) prise par le photographe américain Angelo Heilprin, peu de temps après la catastrophe du 8 mai 1902

Orgues à l'extrémité d'une coulée basaltique sur le fleuve Skjálfandafljót en Islande

Les prismes réguliers, dont l'allongement est perpendiculaire à la surface de base de la coulée, correspondent à la vraie colonnade ; celle-ci est surmontée par les prismes irréguliers de la fausse colonnade, partiellement masquée par des blocs sommitaux éboulés (surface de type aa).

28 De l'écoulement au refroidissement, comment vit et meurt une coulée de lave ?

La minéralogie et la chimie des roches volcaniques ne se distinguant pas de celles des roches plutoniques correspondantes, les laves solidifiées se caractérisent par leur texture (*voir Clés 10 et 24*) et leur structure ou morphologie.

La morphologie d'une coulée magmatique dépend fondamentalement de la viscosité de la lave émise par le volcan, laquelle est fonction à la fois de sa composition chimique (la viscosité d'un magma a tendance à augmenter avec la teneur en silice et à diminuer avec son hydratation) et de sa température (la viscosité diminue quand la température augmente). Les laves très siliceuses (phonolite, trachyte, rhyolite) se mettent généralement en place sous la forme d'un dôme visqueux, qui ne s'écoule pas. Une lave basaltique est fluide près de la cheminée volcanique, puis a tendance à devenir de plus en plus visqueuse en s'en éloignant, par refroidissement. Une coulée hawaïenne présentera une surface lisse à proximité de la bouche de sortie, qui se plissera lors de l'avancée (type *pahoehoe* à surface cordée). Elle deviendra chaotique et se hérissera de blocs à distance du volcan (type *aa*). Les laves fluides s'écoulent en nappant les pentes douces ou en empruntant des vallées. Dans ce dernier cas, elles forment une fois refroidies des saillies dans d'anciens creux topographiques : c'est un exemple typique d'inversion de relief.

Nicolas Desmarest et William Hamilton, deux rivaux à l'époque des Lumières

Le Français **Nicolas Desmarest** (1725-1815), inspecteur de la manufacture de Limoges, comprend en 1763, à la suite d'un voyage en Auvergne, que les basaltes prismés de la région sont d'origine volcanique. Une hypothèse révolutionnaire à une époque où l'on croyait que les basaltes étaient des roches sédimentaires. Cette découverte fondamentale suit de douze ans celle tout aussi importante de Jean-Étienne Guettard, le premier à avoir interprété les monts d'Auvergne en tant que volcans éteints.

L'Écossais **William Hamilton** (1730-1803) est surtout connu pour son remarquable ouvrage illustré *Campi Phlegraei, observations sur les volcans des Deux-Siciles*, publié en 1776. On y trouve en particulier des représentations des éruptions du Vésuve des années 1760-1770. Observateur minutieux plutôt que théoricien, Hamilton a produit une série de documents d'une grande valeur scientifique.

Mais ces deux rivaux-là ne comprenaient pas les volcans de la même façon. Contrairement à Hamilton, Desmarest pensait (à tort) que le volcanisme devait être regardé comme un phénomène marginal, fondamentalement destructeur, incapable de construire des reliefs. Dans un manuscrit de la bibliothèque municipale de Rouen, Nicolas Desmarest a écrit au sujet de l'ouvrage de son confrère d'outre-Manche : « *Il n'est pas naturel de croire que le Vésuve et toutes les montagnes dans lesquelles il y a des volcans se soient élevés a la hauteur qu'ils ont par une suite d'éruptions de plusieurs siècles, comme voudrait le faire croire Hamilton* ». Et il ajoute, aigre : « *Pour le choix et la rédaction de ces dessins, nous aurions désiré qu'on eût consulté des savants français pour savoir ce qu'il convenait d'y faire figurer et soigner et ce qu'il convenait d'omettre.* » Arrogant et chauvin, le Nicolas... (D'après une étude de 2001 du Comité français d'histoire de la géologie).

L'éruption du Vésuve vue depuis le môle du port de Naples dans la nuit du 20 octobre 1767 (William Hamilton, 1776)

Lors du refroidissement, une coulée de lave se solidifie au contact du sol – du bas vers le haut – et au contact de l'air ou de l'eau – du haut vers le bas. Les deux fronts de solidification se rencontrent à l'intérieur de la coulée. La contraction thermique se traduit par une fracturation de la lave. Se forment alors des prismes à section hexagonale ou pentagonale, dont l'allongement est perpendiculaire à la surface de refroidissement. La baisse de température étant plus régulière au contact avec le sol qu'au contact avec l'air ou l'eau, les prismes de la partie basse d'une coulée (vraie colonnade, environ un tiers de l'épaisseur de la coulée) seront plus réguliers que ceux de la partie haute (fausse colonnade, deux tiers de l'épaisseur). Le nom d'orgues basaltiques est parfois donné aux prismes de la vraie colonnade, par similitude de forme avec les tuyaux de l'instrument.

29 Faut-il une clé ou un trousseau pour entrer dans la maison des granites ?

Une petite clé permettra de franchir le seuil, mais impossible de visiter toutes les pièces de cette grande maison : elles sont pleines d'extraits de naissance divers, de faciès variés et de modes de formation complexes…

Les granites sont des roches plutoniques communes, de teinte claire, contenant les minéraux suivants : feldspath potassique, quartz, plagioclase, mica, apatite, zircon, oxydes de fer ; parfois amphibole, cordiérite, grenat et tourmaline. Les équivalents volcaniques des granites sont les rhyolites. Leur chimie est dominée par la silice (SiO_2 > 72 %) et l'alumine (Al_2O_3 > 12 %).

Granite de Huelgoat (29), à grands cristaux gris de cordiérite (aluminosilicate ferromagnésien)

FK : feldspath potassique

Les granites et leurs dérivés constituent la plus grande partie de la croûte continentale. Ils se mettent en place à plusieurs kilomètres de profondeur, sous forme de plutons concentriques à bordure nette (granites circonscrits) ou de massifs diffus. Ces derniers naissent directement de la fusion des roches métamorphiques environnantes (*voir Clé 57*). Les plutons circonscrits, au contraire, sont issus du refroidissement d'énormes diapirs de magma, stockés dans des niveaux superficiels de l'écorce continentale, après avoir subi une ascension depuis leur zone de genèse profonde (manteau et/ou croûte continentale). Les granites sont généralement associés aux processus tectoniques conduisant à la formation des chaînes de montagne. L'érosion qui décape les reliefs rend ces roches profondes accessibles à l'affleurement, mais seulement plusieurs millions d'années après leur solidification. L'altération des feldspaths – les minéraux les plus abondants des granites – donne naissance au kaolin, une roche argileuse blanche servant à la fabrication de la porcelaine et du papier.

Les pierres des poètes disparus

Dans ses « Tombeaux », Stéphane Mallarmé (1842-1898) attribue une pierre différente à chacun de ses confrères morts : il place Gautier dans du porphyre, dispose Baudelaire au creux d'un marbre, met Verlaine à la merci d'un « noir roc courroucé » roulé par la bise et offre à Poe un granit(e) tombé du ciel, pour faire obstacle à la calomnie : *« Calme bloc ici-bas chu d'un désastre obscur, / Que ce granit du moins montre à jamais sa borne / Aux noirs vols du Blasphème épars dans le futur »* (*Tombeau* d'Edgar Poe).

30 Quelles sont les roches magmatiques les plus insolites ?

Les *carbonatites* sont des roches magmatiques carbonatées. Outre de la calcite ($CaCO_3$), elles peuvent contenir des carbonates de calcium et de magnésium (dolomite), de fer (sidérose), de sodium et de potassium (gregoryite), en association avec de rares silicates. Les magmas carbonatitiques sont extrêmement fluides et se mettent en place à des températures peu élevées, de l'ordre de 500-600 °C. Seul le volcan tanzanien Ol Doinyo Lengaï en produit actuellement. En Europe, on peut observer des laves carbonatitiques miocènes dans le massif allemand du Kaiserstuhl (Bade-Wurtemberg, au milieu du fossé rhénan).

Certaines conditions exceptionnelles peuvent provoquer l'émulsion d'un liquide sulfuré ou oxydé dans un magma silicaté. Ces liquides, très denses, s'enfoncent dans le réservoir magmatique et donnent naissance, après cristallisation, à des gisements de Ni-Cu-Fe-Au-platinoïdes (sulfures) et Fe-Ti (oxydes).

Les *komatiites*, dont le nom provient de la rivière Komati en Afrique du Sud, sont des laves contenant de trois à quatre fois plus de magnésium que les basaltes. Leur formation implique un taux de fusion du manteau très élevé, de l'ordre de 50 % (moins de 10 % pour les basaltes), à une température supérieure à 1600 °C (1300 °C pour les basaltes). Ce sont des roches très anciennes, mises en place il y a plus de 2,5 milliards d'années, à l'Archéen, quand la production de chaleur terrestre était beaucoup plus importante qu'actuellement. Leur texture est caractérisée par la présence de grands cristaux d'olivine aciculaires ou spinifex.

Coussins de komatiite près de la rivière Komati (République Sud-Africaine), mis en place en conditions sous-marines

Détail de la texture à spinifex d'olivine (un stylo pour l'échelle). Âge : 3,48 milliards d'années.

Les *kimberlites*, qui doivent leur nom à la ville de Kimberley en Afrique du Sud, sont des roches volcaniques très particulières. Pauvres en silice et très riches en fer, en magnésium et en volatils (eau et CO_2), on les trouve dans de gigantesques cheminées d'explosion volcanique de 2 kilomètres de profondeur, situées dans des zones continentales très anciennes, au cœur des cratons. Outre de l'olivine, du mica et du grenat, les kimberlites peuvent contenir du diamant (*voir Clé 72*).

Delicate Arch (20 m de haut), structure d'érosion en grès permo-triasique. Arches National Park (Utah, États-Unis). La Sal Mountains à l'arrière-plan (1972)

Tranquilles, les roches sédimentaires

31 Qu'est-ce qu'un sédiment ?

Un sédiment est un ensemble de particules de taille variable, transporté par l'eau, le vent ou la glace, et qui finit par se déposer pour donner naissance, après induration, à des roches sédimentaires. Celles-ci forment les niveaux les plus superficiels de la croûte terrestre. Depuis sa naissance jusqu'à sa transformation en roche, le sédiment subit quatre processus successifs : l'érosion, le transport, le dépôt et la diagenèse.
L'altération d'une roche en conditions aériennes facilite son érosion, au cours de laquelle se désolidarisent des particules de toutes tailles (*voir Clé* 6). Celles-ci sont ensuite transportées par le vent ou les cours d'eau, puis déposées en couches successives dans un bassin de sédimentation, généralement aquatique (mer ou lac). Le taux de sédimentation varie de plusieurs mètres par an à quelques millimètres par milliers d'années. Au sédiment provenant de l'érosion continentale (fraction terrigène), peuvent s'adjoindre des restes d'organismes – essentiellement des fragments de coquilles – depuis le bassin de sédimentation lui-même et des minéraux issus de précipitations dans l'eau ou à l'intérieur du sédiment. Celui-ci

se compacte ensuite par enfouissement et subit une série de transformations, d'où il sort métamorphosé en roche : c'est la diagenèse.

Cette chaîne de processus sédimentaires se trouve résumée dans un simple méandre de rivière. La rive concave – ou berge externe –, abrupte, est attaquée par l'érosion tandis que la rive convexe – ou berge interne –, en pente faible, reçoit les dépôts alluvionnaires. Ces deux types de berge alternent d'un méandre à l'autre.

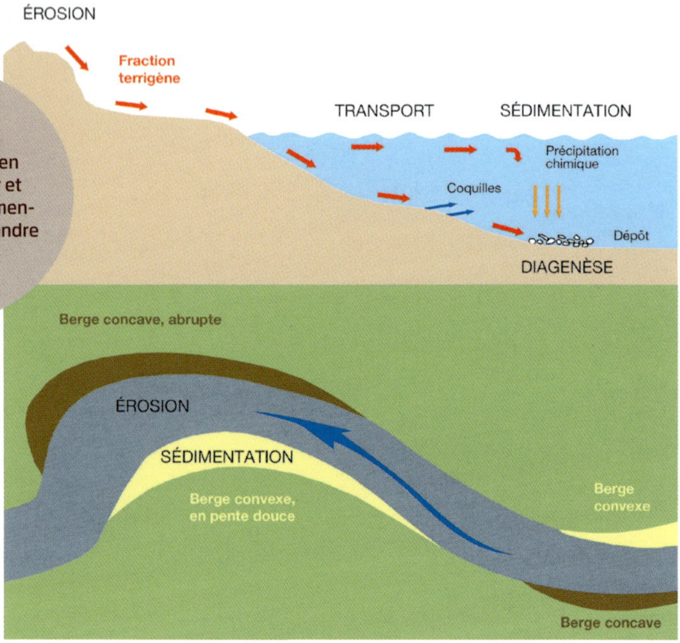

Processus sédimentaires en contexte côtier et dynamique sédimentaire dans le méandre d'une rivière

32 Comment le sédiment se transforme-t-il en roche sédimentaire ?

Les roches sédimentaires sont typiquement exogènes, c'est-à-dire qu'elles se forment à la surface du globe. La diagenèse est l'ensemble des processus qui transforment progressivement une succession sédimentaire en roche. Après le dépôt, dans les premières dizaines de mètres d'enfouissement, les bactéries rendent le sédiment plus réducteur en l'enrichissant en gaz carbonique et en produits sulfurés ou ammoniaqués : c'est la diagenèse biochimique. Les microorganismes sont également responsables de la dégradation de la matière organique à l'origine des pétroles et des charbons. L'enfouissement progressif du sédiment à plusieurs kilomètres de profondeur induit ensuite d'importantes transformations minéralogiques, à pression et température croissantes. Il y a compaction du sédiment, avec déshydratation, transformation de certains minéraux, qui acquièrent des formes plus stables (l'aragonite devient de la calcite, l'opale du quartz), dissolution partielle des grains aux points de contact et surtout apparition de nouveaux cristaux dans les pores, qui soudent les particules déposées. Un exemple célèbre qui illustre ce phénomène est la découverte de bouteilles de *Coca-Cola* cimentées dans du calcaire des îles Bahamas. Mais quels fossiles découvriront nos lointains descendants ?

On distingue les roches en fonction du type de sédiment qui est à leur origine. Les roches terrigènes (ou détritiques) proviennent de l'érosion de roches continentales préexistantes. L'accumulation de gros débris – comme des graviers ou

Mur de grès permien chargé d'argile rouge ferrique, Collonges-la-Rouge (19)

des galets – donne naissance à un conglomérat, celle de sable, à un grès, et la consolidation d'une vase, à une argilite. Les roches biogènes résultent de l'activité d'organismes vivants : récifs construits fossiles, accumulation de débris coquilliers carbonatés (calcaires bioclastiques) ou siliceux (diatomites, jaspes), ou bien encore de matière organique (pétroles et charbons). Enfin, les roches chimiques sont formées par précipitation directe d'ions dans l'eau : roches salines (sel gemme et gypse), calcaires fins et argilite rouge des grands fonds océaniques. À noter qu'il existe des roches exogènes non-sédimentaires : les roches résiduelles, incluant les latérites (riches en hydroxydes de fer) et certaines bauxites (à hydroxydes d'aluminium). Elles sont formées par l'altération en climat tropical de ce qui reste des roches après érosion et lessivage.

33 Les couches sédimentaires : les pages d'un livre ?

dont les têtes de chapitres seraient les grands cataclysmes naturels ?

La science qui a pour objet la succession des couches sédimentaires est la stratigraphie. Elle se base sur une échelle des temps géologiques, à laquelle on associe un ensemble de couches sédimentaires, en partant des deux postulats suivants : (1) **le principe de continuité**, selon lequel un lit a le même âge sur toute son étendue (ce qui n'est pas toujours strictement vérifié) et (2) **le principe de superposition**, selon lequel la plus haute de deux couches superposées est la plus récente (s'il n'y a pas eu renversement par la tectonique). Les fossiles stratigraphiques permettent de dater les couches et d'établir des corrélations entre des formations sédimentaires distantes (*voir Clé 48*). La division de base est

Le paradoxe des roches sédimentaires

Les laves, et leurs cousins les plutons, sont souvent mal compris. Les gneiss et les micaschistes constituent un insondable mystère pour la plupart des gens. En revanche, les roches sédimentaires, tout le monde les connaît. Qui n'a pas remarqué les strates ruiniformes à l'arrière-plan des westerns crépusculaires ? Qui ne s'est émerveillé en découvrant une coquille marine dans un calcaire de montagne ? Qui ignore que le grès est fait de sable consolidé ? Effectivement, les roches sédimentaires, faciles à identifier et à comprendre, sont très communes : elles affleurent sur 75 % de la surface des continents. Pourtant, elles ne font pas le poids face à leurs concurrentes : les roches sédimentaires ne forment en effet que le fin épiderme de la croûte terrestre, constituée à plus de 95 % (en volume) de roches magmatiques et métamorphiques...

l'*étage*, défini à partir d'un affleurement-type, qui sert d'étalon mondial (par exemple, l'Hauterivien, le troisième étage du Crétacé, tire son nom d'Hauterive en Suisse). Les étages sont regroupés en *époques*, lesquelles sont assemblées en *périodes* (Ordovicien, Trias, Crétacé etc.). La plus grande division de l'échelle stratigraphique est l'*ère* : primaire ou paléozoïque, secondaire ou mésozoïque, tertiaire ou cénozoïque (il existe une subdivision encore plus grande, l'*éon*, mais il n'en sera pas question ici). Les changements d'ère – et de certaines périodes – coïncident avec des bouleversements considérables de la faune et souvent à une modification de la lithologie sédimentaire. Ainsi, le début du Paléozoïque est marqué par l'apparition des faunes à coquilles ; sa fin correspond à un événement encore mal compris, responsable de la disparition de 96 % de la faune marine. Quant à la transition Mésozoïque-Cénozoïque, elle coïncide avec une gigantesque chute de météorite (*voir Clé 50*). D'un point de vue sédimentaire, le Paléozoïque est l'ère des grès et des argilites, tandis que le Mésozoïque et le Cénozoïque voient s'étendre les formations calcaires ; le Carbonifère est la période du charbon et le Crétacé, celle de la craie.

Les couleurs conventionnelles de l'échelle stratigraphique se retrouvent sur les cartes géologiques et dans les coupes de terrain, qui permettent de montrer les relations géométriques entre différentes formations sédimentaires. On découvre ainsi que longer une falaise aux couches inclinées ou traverser le Bassin parisien d'Épernay à Lunéville (*voir p. 66*), c'est feuilleter un livre à l'envers, c'est remonter dans le temps. À l'imagination de faire le reste du voyage…

Échelle stratigraphique simplifiée, aux couleurs conventionnelles, montrant les principales divisions des temps géologiques (périodes et ères)

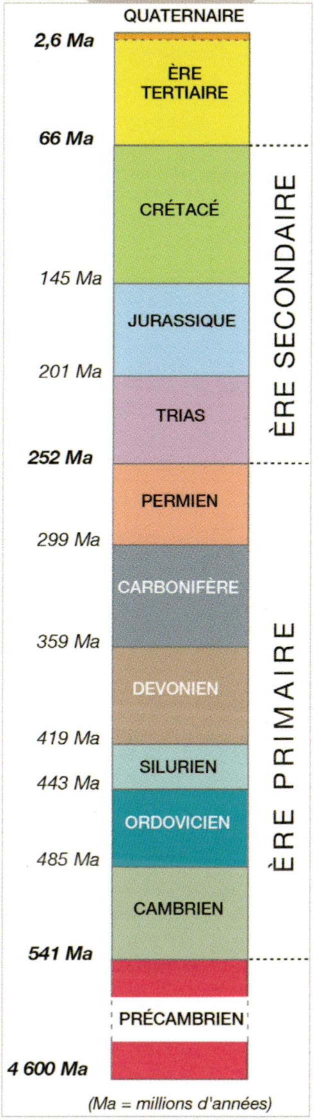

34 Existe-t-il des minéraux spécifiquement sédimentaires ?

Dans les roches sédimentaires détritiques, la plupart des minéraux proviennent du démantèlement de roches préexistantes. Les plus communs parmi ceux visibles à l'œil nu sont le quartz, le feldspath et le mica. Au cours du trajet entre la zone source et le bassin de dépôt, les minéraux fragiles, comme le feldspath, auront tendance à se désagréger tandis que le quartz, plus résistant, s'émoussera. Ainsi, plus le transport sera long, moins le sédiment contiendra de feldspath et plus les grains de quartz seront arrondis. Les paillettes de mica, également fragiles, peuvent parfois résister à de longs trajets en flottant sur les cours d'eau, ce qui leur évite les chocs. Les roches biogènes carbonatées sont essentiellement formées de calcite et les siliceuses, d'opale, parfois recristallisée en quartz. Enfin, les roches d'origine chimique sont constituées de cristaux néoformés, qui précipitent dans l'eau. Parmi ces minéraux, on retrouve la calcite dans les roches carbonatées à texture fine tels les calcaires lithographiques. Certaines argiles – micro-minéraux alumino-siliceux, dont la structure cristalline en feuillets peut accueillir une grande quantité d'eau – apparaissent également dans ces conditions.

A-t-on répondu à la question initiale en identifiant des minéraux non hérités, cristallisés en conditions superficielles ? Pas tout à fait, car ces minéraux ne sont pas spécifiquement sédimentaires. Ils peuvent en effet se rencontrer dans d'autres types de roches : la calcite est un minéral accessoire des roches magmatiques, l'opale peut être d'origine volcanique et il existe des argiles hydrothermales. Il n'y aurait donc aucun minéral typiquement sédimentaire ? Eh si ! Il en existe une famille. Vous ne devinez pas laquelle ? Ne la cherchez pas dans cette rubrique, elle n'y paraît pas : pour faire sa connaissance, précipitez-vous à la *Clé 38*…

35 Pourquoi les grès alternent-ils avec les argilites ?

Les grès sont typiquement des roches détritiques, formées par accumulation et cimentation de sable (diamètre <2 millimètres) provenant de l'érosion de roches continentales. Le quartz, très largement dominant, peut être accompagné de feldspath, de mica et de bien d'autres minéraux accessoires. La cimentation des grains ou *grésification*, se fait par précipitation de nouveaux minéraux dans les interstices au cours de la diagenèse. La nature du ciment peut être différente de celles des grains : il existe des grès à ciment siliceux, calcaire, dolomitique, argileux, phosphaté, etc.

Les argilites sont des roches à texture très fine, composée de cristaux microscopiques d'argile (dominant), de quartz, de mica et parfois de carbonates. La plupart des argiles se forment par altération des minéraux des roches continentales préexistantes (essentiellement les feldspaths). Transportées par le vent et les rivières, les argiles se déposent dans des bassins en environnement calme pour former une vase. Certaines argiles peuvent aussi résulter de la précipitation directe d'ions dans l'eau (néoformation dans les vasières littorales et argiles rouges des grands fonds océaniques).

Succession ordovicienne de grès et d'argilites du Veryac'h (Camaret, 29)

Les sédiments fins sont caractéristiques des zones littorales protégées, comme les vasières de fonds d'estuaires. En contexte de mer ouverte, l'argile se sédimente à plus grande profondeur que le sable, car il est transporté plus loin. En un point géographique fixe, les alternances grès-argilite peuvent refléter des variations de la nature des dépôts au cours du temps. La succession sédimentaire à l'origine de ces roches a pu résulter, dans le cas d'un ancien littoral à pente forte, d'arrivées soudaines de sédiment grossier, à intervalle régulier, dans un bassin de sédimentation calme. Dans de telles conditions, le sable se dépose en quelques heures, tandis que les minéraux argileux se sédimentent lentement (< 0,1 mm/an). Les variations du niveau de la mer, généralement pour des raisons climatiques, sont un autre facteur expliquant les alternances grès-argilites. À chaque baisse du niveau marin, il y a émersion, érosion et donc production de débris grossiers. La remontée du niveau de la mer se traduit par une reprise de la sédimentation fine.

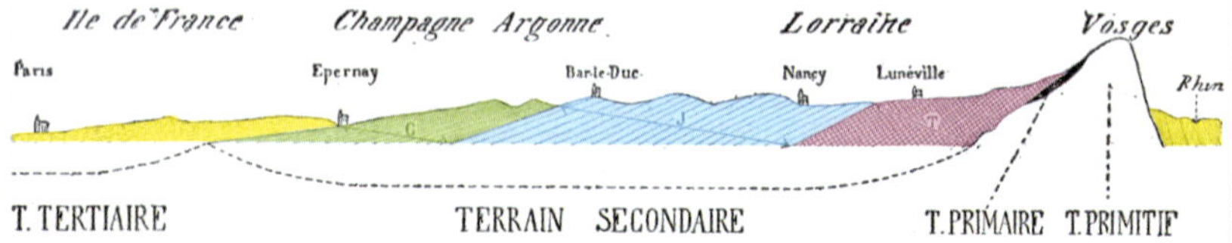

Fig. 165. — Coupe du bassin parisien, des Vosges à Paris, passant par Bar-le-Duc. T, trias ; J, jurassique ; C, crétacé.

Coupe du Bassin parisien (Gaston Bonnier, 1894)

36 Pourquoi les calcaires sont-ils si abondants à l'ère secondaire ?

La voiture roule lentement sur la route du retour de vacances entre la Bretagne et la région parisienne. Il fait encore beau. Les passagers, géologues dans l'âme, admirent le paysage de la région de Rennes, avec ses fermes en terre jaune, ses prés bordés de chênes étranges et ses petites falaises gréseuses. La Mayenne dévoile ses ardoisières, puis Le Mans apparaît derrière son enceinte romaine rose et blanche, où alternent le grès rouge et le calcaire crayeux : la voiture vient de quitter le Massif armoricain paléozoïque pour les terrains secondaires du Bassin parisien. Le voyage se poursuit sur un relief encore vallonné, qui peu à peu s'aplanit. Et, soudain, de la grande plaine calcaire de la Beauce, surgissent, plus haut que le chaume, les deux flèches de la cathédrale de Chartres. Au Crétacé, la mer les aurait submergées…

Le changement de lithologie sédimentaire entre les vieux massifs de l'ère primaire et les grands bassins mésozoïques est saisissant : des grès et des argilites plissés au Carbonifère lors de la tectonique hercynienne, on passe à de grands empilements carbonatés horizontaux, où des bancs de calcaires alternent sans fin avec des niveaux de marne (argilite calcaire). Pourquoi cette généralisation des carbonates au cours de l'ère secondaire, alors qu'ils étaient si rares auparavant ?

Célèbre site de Rocamadour (46)

Les trois niveaux de bâtiments construits contre la paroi jurassique reflétaient au Moyen Âge les trois ordres de la société : les chevaliers en hauteur, les clercs religieux dans l'assise médiane et les travailleurs laïcs en bas, près de la rivière

Au Trias débute une longue période de submersion des aires continentales par de vastes mers peu profondes, qui ne s'achèvera qu'au Crétacé. Cela se fait sous un climat chaud – la température moyenne dans l'hémisphère Nord au cours du Secondaire était de 5 °C à 10 °C plus élevée que de nos jours – qui favorise le développement des coraux et qui, d'une manière plus générale, explique l'importance de la sédimentation calcaire au cours du Jurassique et du Crétacé. Ce phénomène est accentué par l'apparition d'un groupe d'algues calcaires unicellulaires, les coccolithophoridés, et par le développement des foraminifères. Ces deux ensembles planctoniques deviennent au Mésozoïque les principaux producteurs de carbonate de pleine mer.

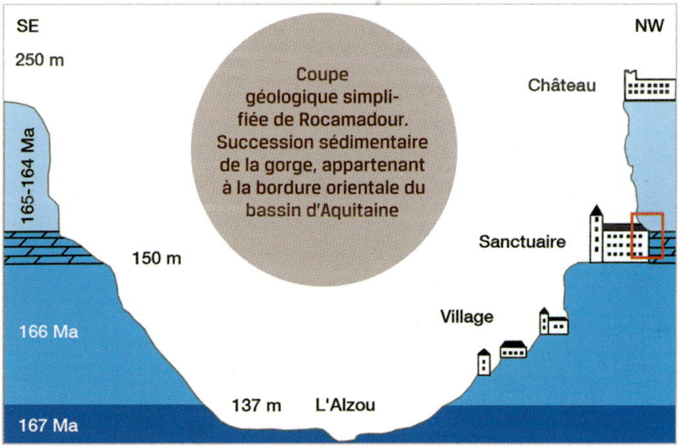

Coupe géologique simplifiée de Rocamadour. Succession sédimentaire de la gorge, appartenant à la bordure orientale du bassin d'Aquitaine

Les couleurs correspondent à des formations calcaires jurassiques ; le rectangle rouge indique la localisation de la photo page suivante.

Chapelle Notre-Dame à Rocamadour, bâtie contre la paroi dolomitique (carbonate de calcium et de magnésium) recouverte de coulures stalagmitiques, sous un surplomb calcaire

Détail : la fameuse épée Durandal, fichée dans la falaise (d'après la légende, l'épée se serait plantée dans le roc après avoir été lancée dans les airs par le chevalier Roland depuis le col de Roncevaux, à plusieurs centaines de kilomètres de Rocamadour)

37 Qu'est-ce que la craie ?

Il s'agit d'un gigantesque amoncellement de *coccolithes*. Qu'es aquò ? Les coccolithes sont de microscopiques boucliers calcaires discoïdes de moins de dix micromètres de diamètre, qui recouvrent des algues unicellulaires, les coccolithophoridés. Les coccolithes se dissocient à la mort de l'individu, s'accumulent pour former le composant essentiel des boues crayeuses contenant également des foraminifères planctoniques. Les algues coccolithophores sont apparues au Trias, mais c'est au Crétacé – âge de la craie – qu'elles vont considérablement se développer, avant de subir de plein fouet la crise biologique marquant la fin de cette période. La craie est une roche blanche, très fine, qui se forme dans des bassins marins de moins de 300 mètres de profondeur. Sa porosité et sa friabilité sont dues à la faible quantité de calcite qui cimente les coccolithes. Elle est

Algue coccolithophore *Emiliania huxleyi*, la plus répandue des mers actuelles

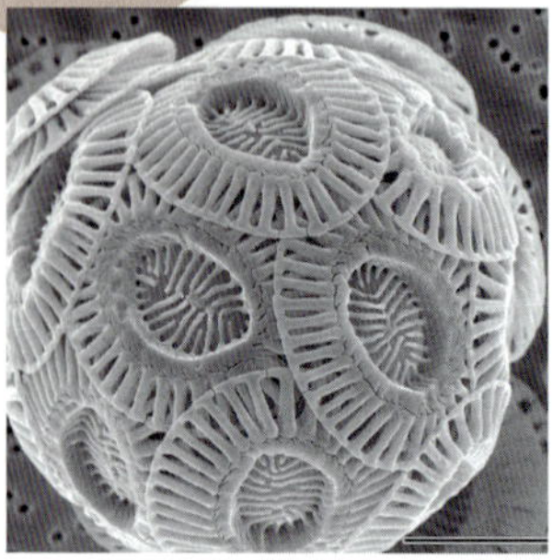

Barre d'échelle : 1,5.10^{-3} mm

dite marneuse quand le calcaire et l'argile sont en proportion équivalente, dolomitique si elle contient des recristallisations de carbonate de calcium et de magnésium. Le tuffeau est une craie détritique, riche en mica et en quartz. La craie contient souvent de grandes quantités de fossiles (oursins, éponges, ammonites, etc.). Les nodules ou rognons de silex sont très abondants dans les formations crayeuses. Il s'agit d'une roche siliceuse constituée de quartz cryptocristallin (calcédoine) et d'opale, qui provient de la décomposition des squelettes siliceux d'organismes marins, comme les diatomées ou les éponges.

De par sa grande porosité, la craie constitue un excellent réservoir pour l'eau ou les hydrocarbures. La nappe de la craie en est un excellent exemple. Elle consiste en un gigantesque aquifère alimentant une grande partie de la Belgique et du nord de la France : Haute-Normandie, Nord-Pas-de-Calais, Picardie, Champagne-Ardenne (où elle affleure sur une surface d'environ 9 700 kilomètres carrés).

La craie a eu de multiples usages, depuis l'alimentation de fours à chaux jusqu'à son utilisation dans les fortifications : moellons crayeux garnissant l'intérieur des murailles de la citadelle de Lille, par exemple. Elle sert encore dans l'agriculture, pour l'amendement des champs. Quant au bâton de craie d'école, il n'est pas toujours constitué de véritable craie. La plupart sont en... gypse : excellente transition pour la Clé suivante !

La falaise d'Étretat, Gustave Courbet (1869)

38 Quelles roches se forment par évaporation ?

Elles portent le nom de roches salines ou *évaporites*. C'est un vaste ensemble de roches sédimentaires d'origine chimique. Elles sont constituées de minéraux de composition variée qui précipitent dans des lagunes ou des lacs salés soumis à une intense évaporation, induisant une sursaturation de leurs eaux en sodium, potassium, magnésium, chlore et/ou sulfate. Les roches salines se forment dans des milieux arides, mais pas nécessairement chauds. Les apports d'eau ne doivent pas compenser l'évaporation. Les minéraux précipitent suivant un ordre qui dépend du taux d'évaporation : à 70 % d'évaporation, apparaissent le gypse ($CaSO_4H_2O$) à température ambiante et l'anhydrite ($CaSO_4$) quand la température excède 40 °C ; à 90 % d'évaporation, pointe l'halite ou sel gemme (NaCl) et à 94 %, surviennent la sylvite (KCl) et les sels de magnésium. Les bassins évaporitiques sont séparés de la pleine mer par un seuil ou sont complètement isolés. Dans le premier cas, l'halite et la sylvite ne se forment qu'au fond du bassin, où la salinité

Gypse en rose des sables du Sahara

Le sel dans l'Histoire

Le **sel**, qu'il soit exploité dans des marais salants ou extrait d'une mine – on parle alors de sel gemme –, est connu depuis que les hommes conservent et préparent leurs aliments, c'est-à-dire depuis la lointaine préhistoire. Dans l'Antiquité, il a été utilisé dans des rites religieux. Son importance économique en a fait très tôt un produit stratégique, comme en témoignent les routes du sel, grandes voies de communication européennes terrestres et fluviales, qui apparurent dès l'âge du bronze. Les Romains surent parfaitement contrôler l'approvisionnement en sel. Les salaisons dont ils se servaient lors des campagnes militaires leur permirent de ne pas dépendre d'aléatoires réserves de nourriture pillées en pays conquis. Le sel servit aussi de monnaie et surtout d'impôt. En France, ce produit a été taxé sous le nom de gabelle dès le règne de Louis IX. Abolie par l'Assemblée constituante en 1790, cette taxe a ressuscité sous Napoléon Ier. Il faudra attendre la Libération de 1945 pour la voir définitivement disparaître. Mais la crise budgétaire actuelle ne la fera-t-elle pas bientôt ressurgir, sous un quelconque acronyme technocratique ? Soyons vigilants…

est la plus importante, tandis que le gypse ou l'anhydrite, puis les carbonates, se rencontrent en s'approchant du seuil. Dans les bassins fermés – ou en œil – la répartition des faciès est concentrique : sylvite au centre (sel les plus solubles), puis halite, gypse/anhydrite (sels les moins solubles) et enfin carbonates vers la périphérie. Les dépôts évaporitiques marins signent en général des épisodes de baisse du niveau de la mer. Ils s'intercalent alors entre des niveaux sédimentaires de type mer ouverte, comme les calcaires.
Les roches salines ont un rôle important dans la tectonique. Les dépôts d'halite sont très légers – leur densité est de 2,2 contre 2,7 en moyenne dans la croûte continentale supérieure – et ont un comportement plastique. Ces propriétés font que le sel gemme a tendance à remonter par gravité, sous forme de diapirs, en déformant les couches sédimentaires qu'il traverse : c'est ce qu'on nomme les *dômes de sel*. Leur diamètre peut atteindre plusieurs kilomètres. Ces dômes constituent parfois des pièges à hydrocarbures (*voir Clé 82*).
Autre caractéristique remarquable des évaporites : elles constituent des « couches-savon », permettant le décollement des terrains sus-jacents et leur chevauchement sur d'autres formations au cours d'une compression tectonique. Ainsi, les formations gypsifères du Trias supérieur jalonnent très souvent les grands accidents chevauchants des Alpes.

39 Quelles roches sédimentaires sont fortes en astronomie ?

Certains calcaires du Crétacé seraient calés en astronomie. Non, ce n'est pas une blague !
Milutin Milankovitch (1879-1958) est un géophysicien et climatologue serbe, l'un des scientifiques les plus importants dans le domaine des sciences de la Terre, selon la NASA. Il publie à Belgrade en 1941 sa *Théorie astronomique du climat*, ouvrage dans lequel il démontre l'existence d'une corrélation entre certaines variations climatiques et des facteurs astronomiques. Ainsi, les cycles de glaciation trouveraient leur origine dans trois phénomènes astronomiques : les variations de l'excentricité de l'orbite terrestre, évoluant suivant une périodicité comprise entre 100 000 et 400 000 ans, celles de l'inclinaison de l'axe de rotation de la Terre, régies par des cycles de 41 000 ans, et la précession des équinoxes – ou lent changement d'orientation de l'axe de rotation –, dont la période est comprise entre 19 000 à 23 000 ans. Les glaciations quaternaires sont rythmées par des cycles de durée équivalente à ceux définis par Milankovitch.
Les cycles de Milankovitch auraient également été enregistrés par d'anciennes séquences sédimentaires. Un étage du Crétacé inférieur, l'Hauterivien, se caractérise dans le Sud-Est de la France par une alternance très régulière de niveaux calcaires et marneux, d'épaisseur constante sur de grands empilements. Or, il a été démontré que la variation des teneurs en carbonates des sédiments, à une latitude donnée, est commandée par le climat : la production de carbonate de calcium est plus élevée durant les périodes chaudes que pendant les périodes froides sous les hautes latitudes. L'alternance dans les séries anciennes de lits de carbonate de calcium presque pur et de marnes – qui sont des calcaires argileux – pourrait être indicatrice d'un tel scénario. Ainsi, 238 doublets calcaires/marnes ont été dénombrés en 1988 par Michel Rio et ses collaborateurs dans l'Hauterivien du Sud-Est. Si l'on considère que l'étage a une durée de 5 millions d'années, chaque alternance correspondrait à une période de l'ordre de 21 000 ans, ce qui peut être interprété comme l'équivalent d'un cycle de précession.
Parfois, les anecdotes géologiques sont tellement étranges qu'elles semblent issues d'un esprit à l'imagination excessive. Et pourtant…

40 Comment rendre un sédiment intelligent ?

En le colorant et en le truffant d'électronique...
Après l'homme, les rivières sont les entités qui déplacent la plus grande quantité de matériaux à la surface du globe : 13 milliards de tonnes de sédiment par an ! Cette force gigantesque a un grand pouvoir de nuisance. Les modèles hydrologiques qui rendent compte du trajet des galets dans les cours d'eau et de leur point de chute sont très imprécis. Or, la connaissance de ce type de paramètres, en particulier en périodes de crues, est essentielle pour les ingénieurs chargés de la préservation des ponts, des barrages et des digues, ou de l'aménagement hydrographique. Pour répondre à cette problématique, Lindsay Olinde, une géomorphologiste de l'université du Texas, a rendu des galets suffisamment intelligents pour qu'ils puissent réaliser eux-mêmes des mesures au cours de leur voyage aquatique. Il est ainsi devenu possible d'obtenir en direct une vision de la dynamique d'une rivière « du point de vue des cailloux ».
Début 2012, Lindsay et son équipe ont jeté dans la rivière de montagne Reynolds Creek, dans l'Idaho, 1 200 galets naturels, peints de couleurs vives et forés pour y installer un système d'identification radio, ainsi que 73 blocs métalliques arrondis, au ventre farci d'électronique. Ces derniers contenaient un accéléromètre de la taille d'une boîte d'allumettes, capable

d'enregistrer leur position et leur orientation spatiale toutes les quinze minutes. Ce système avait pour but d'étudier le mouvement des faux galets en relation avec les variations du niveau de l'eau lors de la fonte des neiges. Les batteries leur offraient une autonomie de plusieurs mois. La plupart des pierres forées et 33 galets artificiels furent récupérés après la crue de printemps, plusieurs kilomètres en aval, grâce à des antennes radio installées le long de la rive et un détecteur de métal. Les données acquises par ces « pierres intelligentes » ont permis de confirmer que la plupart des modèles théoriques de transport de galets par les cours d'eau ne permettent pas de faire de bonnes prédictions. La conclusion, c'est que rien ne vaut l'observation directe, quitte pour cela à se mettre dans la peau d'une roche…

Les illustrations du grand livre de la Terre : les fossiles

Fossile dévonien de coraux *Pleurodictyum problematicum*, avec un ver commensal. L'Hôpital-Camfrout (29)

Diamètre : 10 mm

41 Comment se fossilisent les animaux et les plantes ?

Un bon dictionnaire nous apprend que le mot « fossile » vient du latin *fossilis*, « tiré de la terre ». Empreinte, coquille ou os minéralisé, organisme momifié : rien ne ressemble moins à un fossile qu'un autre fossile. La mémoire d'une vie peut être conservée par le moulage des parties dures dans une roche sédimentaire à grains fins. C'est le mode de fossilisation le plus commun. Par exemple, une fois sa vie d'aventures achevée, un bivalve meurt sur un fond marin sableux ou argileux. Après putréfaction, seule demeure la coquille vide. Elle est peu à peu recouverte de sédiment. Quand il y a contraste chimique entre le milieu et la coquille, celle-ci se dissout. Après transformation des sédiments en roche (*voir Clé 32*), ne demeure que le moule de la partie externe de l'animal. Si la coquille s'est remplie de sédiment avant de disparaître, on obtiendra un moulage qui conservera l'empreinte des structures internes.

Les coquilles et les ossements de vertébrés peuvent soit recristalliser, soit être remplacés par des minéraux de composition différente. Dans le premier cas, il y a apparition de cristaux plus stables, avec préservation de la chimie : par exemple, une coquille d'aragonite se transforme en calcite, tout en conservant sa composition de carbonate de calcium. Le second processus – qui s'applique aussi aux végétaux – se nomme *épigénie*. Outre les « classiques » coquilles calcaires, chitineuses ou siliceuses, on peut ainsi obtenir en fonction de l'environnement chimique des fossiles en pyrite (disulfure de fer), en hématite (oxyde de fer), en gypse (sulfate hydraté de calcium), etc. Il n'est pas rare de rencontrer des épigénies « en cascade » : par exemple, recristallisation d'aragonite en calcite, suivie d'un remplacement par de la dolomite (carbonate de calcium et de magnésium), puis par de l'opale (silice hydratée). L'une des épigénies les plus remarquables est la substitution, molécule par molécule, de la fibre de bois par de la silice, avec conservation des microstructures (*voir Clé 47*). L'épigénie est un processus lent, dont la durée s'étend sur plusieurs milliers d'années.

Il existe des cas exceptionnels de fossilisation des tissus mous. Quand les carcasses sont rapidement ensevelies sous du sédiment fin dans un milieu pauvre en oxygène, avec peu de bactéries, le processus de décomposition peut être suffisamment ralenti pour permettre l'obtention d'empreintes des parties molles. Ces sites à préservations remarquables portent le nom de *lagerstätte* (lieu de stockage, en allemand). Les deux *lagerstätten* les plus célèbres sont les schistes cambriens de Burgess, en Colombie britannique (Canada), un témoignage de l'explosion de la vie au début du Paléozoïque, et le calcaire lithographique de Solnhofen (Allemagne), qui a livré les premiers fossiles de dinosaures à plumes.

Enfin, le mode de fossilisation le plus parfait, c'est la conservation intégrale de l'organisme par momification. On recense sept milieux de momification naturelle : l'ambre (résine fossile), la glace, la tourbe (premier stade du charbon),

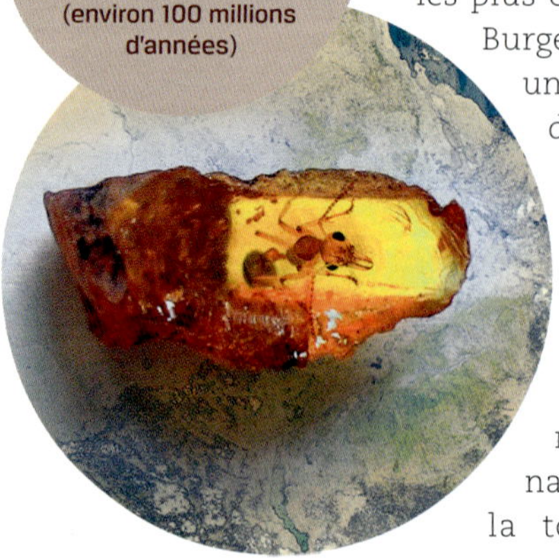

Inclusion dans de l'ambre jaune de *Martialis heureka*, fourmi parmi les plus anciennes connues. Crétacé d'Éthiopie (environ 100 millions d'années)

le bitume et la paraffine naturelle (hydrocarbures), le sel et la diatomite (roche résultant de l'accumulation de coques de diatomées – une algue unicellulaire siliceuse –, par exemple dans des lacs en régions volcaniques). Les organismes qui meurent dans ces milieux stériles ne se putréfient pas.

Où trouve-t-on tous ces fossiles ? Eh bien, dans la plupart des formations sédimentaires, mais avec une probabilité variable : une fourmi momifiée se rencontre plus difficilement qu'une empreinte de coquille... À chaque région, sa spécialité : inutile de chercher un trilobite de l'ère primaire dans le Bassin parisien ou une ammonite jurassique dans le vieux Massif armoricain ! Pour une bonne cueillette, se munir d'un marteau, d'un burin, d'un grattoir et d'un guide illustré. Ne pas prélever de fossiles dans les zones protégées. Dans tous les cas, échantillonner avec parcimonie : la plupart des sites sont fragiles et... la ressource n'est pas renouvelable !

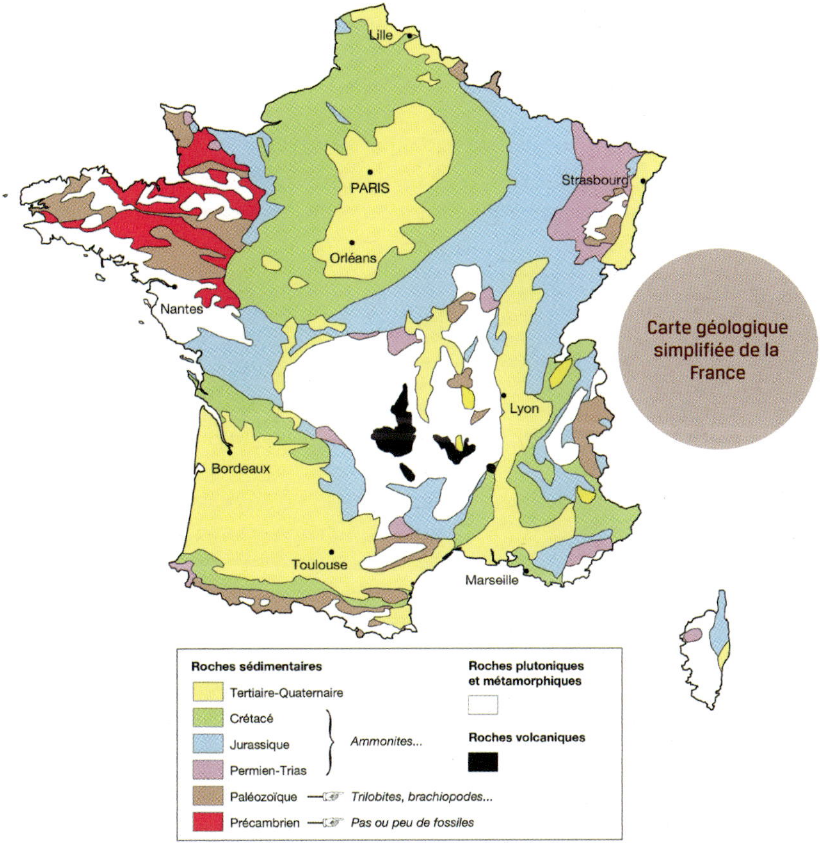

Carte géologique simplifiée de la France

42 Par quel miracle une roche peut-elle « photographier » un événement instantané ?

Traces de poursuite entre une proie et un prédateur, trottinement d'un trilobite, rides de courant, impacts de gouttes de pluie : autant d'instantanés qu'il est émouvant de découvrir inscrits dans la pierre, plusieurs dizaines de millions d'années après que la victime a été dévorée, ou que l'averse s'est achevée. Mais comment de telles « photographies » de l'histoire de la Terre, formées en quelques secondes et qui normalement disparaissent en moins d'une journée, ont-elles pu résister à l'enfouissement sédimentaire ? Les causes sont multiples.

Les pistes de vertébrés continentaux sont généralement imprimées sur des sols humides, avant un dessèchement qui les rend résistantes aux arrivées ultérieures de sédiment. À l'inverse, c'est l'humidité qui a durci les célèbres traces d'australopithèques de Laetoli en Tanzanie (-3,6 millions d'années), conservées dans de la cendre volcanique. Dans ce cas particulier, la pluie a cimenté les fines particules, qui ont ensuite été recouvertes et protégées par de nouvelles arrivées cendreuses. Ce type de traces est précieux pour comprendre le comportement social des espèces disparues : mode de déplacement, vie solitaire ou en troupeau, nature des proies, relations parents-jeunes, etc.

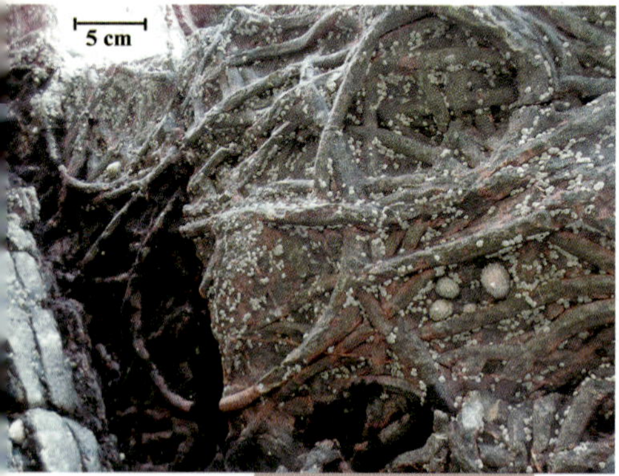

Moulage de terriers horizontaux, Camaret (29)

Les terriers d'annélides ou d'arthropodes marins conservés sous forme de fossiles sont souvent typiques d'anciennes interfaces vase-sable (qui deviennent après cimentation des limites argilite-grès). Il faut imaginer que les galeries ou les pistes creusées dans la vase, sous une faible tranche d'eau, ont été remplies à la suite d'une brusque arrivée de sédiment plus grossier, ce qui les a empêchées de disparaître. Après transformation des sédiments en roches, il en reste des moulages à la base des couches de grès. Ils sont visibles à l'affleurement quand les lits argileux sous-jacents ont été décapés par l'érosion.

Alcide Charles Victor Marie Dessalines **d'Orbigny** (1802-1857), originaire de Loire-Atlantique, est l'un des pionniers de la paléontologie française. Initié aux sciences naturelles par un père médecin, il se prend bientôt de passion pour de minuscules créatures à coquille perforée, les foraminifères. Devenu étudiant, il suit à Paris l'enseignement du fameux Georges Cuvier, lequel va bientôt le remarquer. Le Muséum national d'histoire naturelle décide d'envoyer d'Orbigny en mission en Amérique du Sud, un voyage qui durera sept ans et demi et lui permettra de visiter six pays. De retour en France, il se consacre à la rédaction de ses mémoires, puis entame en 1840 sa grande œuvre : *Paléontologie française*. Cet ouvrage, dont la publication s'étalera sur vingt ans et qui sera poursuivi par des confrères après sa mort, le rendra célèbre dans le monde entier. Alcide d'Orbigny a décrit 2 500 espèces nouvelles. Les 100 000 échantillons de sa collection paléontologique sont actuellement entreposés au Muséum national d'histoire naturelle.

Alcide d'Orbigny, le père de la paléontologie moderne

Enfin, la préservation des fragiles traces sédimentaires en milieu côtier, comme les rides de vagues, trahissent un milieu de dépôt calme. Un tapis algaire ou un biofilm bactérien à la surface du sable empêche les structures de se déformer avant la reprise de la sédimentation.

43 Quels sont les plus anciens fossiles ?

Plus anciens fossiles ou premiers indices de vie ? Ce n'est pas la même chose ! Mais dans un cas comme dans l'autre, il faut aller chercher les stigmates laissés sur le globe par les organismes primordiaux dans les rares régions possédant des roches témoins des premiers émois de notre planète, il y a plus de trois milliards d'années. Elles sont localisées au cœur des cratons, ces zones continentales stables préservées depuis le Précambrien des aléas de la tectonique des plaques (*voir Clé* 4). Et un âge canonique n'est pas un atout suffisant : encore faut-il s'adresser à d'anciennes roches sédimentaires, formées à la surface du globe en présence d'eau, seules susceptibles d'avoir conservé des traces de vie.

Il existe un argument indirect en faveur de l'apparition de la vie avant -3,5 milliards d'années : la composition des formations de fer rubanées (ou « BIF » pour *Banded Iron Formations*), qui représentent environ 80 % des réserves mondiales de fer (*voir Clé* 95). Ce sont des lits siliceux alternativement verdâtres et rougeâtres, formés en milieu marin entre -3,8 et -1,8 milliards d'années. La couleur des niveaux rouges est due à la présence d'oxydes de fer (magnétite et hématite). La précipitation de ces minéraux contenant des ions de fer trivalent témoigne de conditions localement oxydantes dans le milieu océanique de l'époque. On suppose que cette oxydation du fer serait liée à l'activité d'organismes photosynthétiques. Une fois oxydé tout le fer bivalent en solution dans les océans, la fixation du dioxygène par les minéraux est devenue marginale et l'atmosphère a commencé à s'enrichir en oxygène excédentaire. Ce phénomène, prélude au développement de la vie aérienne, a débuté vers -2 milliards d'années.

Mais quels sont donc les organismes à l'origine de cette oxydation ? Pour trouver la réponse, il faut se rendre en Australie occidentale, plus précisément au nord de Perth dans le craton de Pilbara. C'est là qu'on trouve les plus anciens fossiles non contestés : des stromatolites vieux de 3,43 milliards d'années. Il s'agit de bioconstructions en forme d'assiettes empilées, constituées de couches calcaires alternant avec de fines lamelles sombres riches en carbone. Les stromatolites modernes résultent de la précipitation de calcaire à faible profondeur par des tapis de cyanobactéries (algues bleues photosynthétiques anaérobies). On peut supposer que les stromatolites marins de Pilbara sont apparus dans les mêmes conditions. Les organismes responsables de ces très anciennes bioconstructions sont donc d'excellents candidats à l'oxygénation initiale de l'océan, puis de l'atmosphère.

La fin du Précambrien était grouillante de vie, contrairement à ce que l'on a longtemps cru. Les témoignages fossiles sont rares car les organismes étaient dépourvus de parties dures. En 2010, une équipe française a décrit des organismes pluricellulaires, d'une dizaine de

Échantillon de fer rubané, Précambrien supérieur (Protérozoïque)

centimètres de long, dans une formation sédimentaire gabonaise de 2,1 milliards d'années. Mais la faune précambrienne la plus célèbre est celle d'Ediacara, en Australie méridionale, dont l'âge avoisine les 580 millions d'années. Elle a été découverte en 1946 par un géologue minier. Il s'agit de moulages d'organismes à structure très simple : de petites formes aplaties apparemment dépourvues de système digestif, montrant de nombreux replis. Cette morphologie devait favoriser les échanges avec le milieu marin et permettre l'absorption d'éléments nutritifs de manière passive. Cette faune s'est éteinte, sans descendance, vers -540 millions d'années.

44 Qu'est-ce que « l'explosion cambrienne » ?

Le Cambrien (541-485 millions d'années) correspond au début des temps fossilifères (*voir l'échelle des temps géologiques, Clé* 33). Cette période a été précédée par la discrète apparition des coquilles, vers -550 millions d'années. Ce que l'on nomme « explosion cambrienne » est un événement majeur qui s'étend de -541 à -520 millions d'années. Elle a été révélée par le fameux site fossilifère de Burgess, en Colombie britannique (Canada), découvert en 1909 par Charles D. Walcott. Les roches argileuses de cette formation âgée de 505 millions d'années – donc formées peu après l'événement – recèlent des organismes fossilisés montrant des structures anatomiques « modernes », complètement révolutionnaires à l'époque. La plupart des grands groupes d'animaux actuels sont apparus alors : les arthropodes, largement dominants, côtoient les brachiopodes, les mollusques, les chordés, etc. Les structures anatomiques se complexifient considérablement, ainsi que l'ensemble de l'écosystème marin, qui voit apparaître une chaîne alimentaire charpentée par des relations de type proies-prédateurs. Par exemple, des traces de morsures visibles sur la carapace de certains trilobites de cette époque ont été attribuées à des attaques d'*Anomalocaris*, un arthropode géant pouvant atteindre une longueur de deux mètres. Les spécialistes se concentrent à présent sur le site chinois plus ancien de Chengjiang (-530 millions d'années), qui offre un nouveau champ d'investigation sur l'explosion cambrienne. Un poisson de deux centimètres, baptisé *Haikouichthys*, y a été découvert en 1999.

Pourquoi cette accélération exceptionnelle du rythme de l'évolution au Cambrien ? Trois causes principales, non exclusives, ont été avancées : (1) un accroissement de la quantité d'oxygène dans l'eau, (2) une diversification importante du vivant à la suite d'une extinction massive due à la gigantesque glaciation de la fin du Précambrien, attestée par ailleurs, (3) des mutations génétiques au stade du développement embryonnaire, qui auraient induit de profondes modifications structurelles dans l'anatomie des organismes. Mais quelle qu'en soit la raison, cette explosion de la diversité est sans équivalent dans l'histoire de la Terre.

Fossiles de l'arthropode *Sidneyia inexpectans*, découverts à Burgess et décrits en 1911 par Charles D. Walcott. C'était un carnivore benthique d'une longueur de 5 à 13 cm, qui se nourrissait de petits trilobites et de mollusques. Walcott le baptisa du nom de son fils, Sidney

45 À quelle(s) époque(s) les milieux terrestres ont-ils été colonisés ?

Cela dépend de quoi on parle. Il s'est en effet passé plusieurs centaines de millions d'années entre le début de la colonisation des continents par de minuscules eucaryotes et l'impression de la première trace de patte de tétrapode sur une rive boueuse. Et entre ces deux événements fondamentaux, les fossiles nous offrent un éclairage intermittent, qui ne perce que ponctuellement l'obscurité de ces temps géologiques lointains.

En septembre 2013, une découverte sensationnelle est révélée par la revue *Precambrian Research*: la colonisation des terres émergées aurait commencé 1,7 milliard d'années plus tôt que ce que l'on croyait ! Une équipe américano-australienne a en effet découvert en Afrique du Sud, dans des terrains vieux de 2,2 milliards d'années, des fossiles d'eucaryotes en forme d'urne de la taille d'une tête d'allumette, disposés en grappes et reliés entre eux par des filaments. Baptisés *Diskagma buttonii*, ils ont été extraits d'un ancien sol, ce qui témoignerait d'un mode de vie aérien.

Deux ans plus tôt, en 2011, ont été décrits des fossiles d'eucaryotes d'eau douce, découverts en Écosse dans des phosphates formés il y a un milliard d'années, en conditions lacustres. Il s'agit d'une microflore déjà bien différenciée : assemblages multicellulaires, kystes et appareils végétatifs pouvant atteindre un millimètre de diamètre.

Les premiers témoignages fossiles d'une présence végétale en dehors des eaux sont des spores proches de celles des hépatiques actuelles, datant de l'Ordovicien moyen (-470 millions d'années : *voir l'échelle des temps géologiques, Clé* 33). Les plantes vasculaires sont apparues 20 millions d'années plus tard. Les forêts primitives datent du Dévonien supérieur (vers -380 millions d'années).

Les premiers animaux ayant acquis une respiration aérienne sont les arthropodes. Ils ont suivi les plantes de près, puisqu'on trouve des traces de leur présence sur les terres émergées dès le Silurien. Les couverts végétaux de cette période, en bordure des côtes et des rivières, étaient habités par des mille-pattes, des araignées, des acariens, des collemboles... Le plus ancien fossile d'insecte a un âge de 410 millions d'années (Dévonien inférieur).

« Oui, nous avions un grand-oncle poisson *(raconte Qfwfq)*, et plus précisément du côté de ma grand-mère paternelle, née cœlacanthe du Dévonien (de la branche d'eau douce, qui, par la suite, demeurera cousine de l'autre). Donc ce grand-oncle habitait dans certaines eaux basses et bourbeuses, entre des racines de protoconifères, dans ce bras de lagune où étaient venus au monde tous nos ancêtres. »

L'oncle aquatique (1965)

L'oncle aquatique est une nouvelle étonnante et pleine de sens de l'auteur italien Italo Calvino (1923-1985). Qfwfq est l'un des premiers tétrapodes à vivre sur la terre ferme avec sa famille. Il a un grand-oncle, N'ba N'ga, qui méprise le progrès et décide de demeurer dans l'eau. Qfwfq est amoureux de la belle et bondissante LII, la moins aquatique des tétrapodes. Il est gêné d'avoir à lui présenter son oncle, la honte de la famille. Pourtant, à la grande surprise, puis au désespoir de Qfwfq, une solide amitié naîtra entre le vieil aquatique et la jeune aérienne. Un peu plus qu'une amitié, même…

« Les parents de LII me faisaient un peu peur *(poursuit Qfwfq)* : ils étaient d'une de ces familles qui, pour s'être établies à terre à une époque plus ancienne, avaient fini par se convaincre qu'elles s'y trouvaient depuis toujours. » (Trad. Jean Thibaudeau)

« Un petit pas pour le poisson, mais un bond de géant pour l'évolution ! ». Les plus anciennes pistes fossiles de vertébrés nous apprennent que ceux-ci ont posé la patte sur le sol au Dévonien, vers -395 millions d'années. Mais ils sont restés longtemps inféodés au milieu aquatique. Les tétrapodes ancestraux étaient des nageurs. Certains progressaient en marchant sur le fond et devaient se hisser sur les rives à la manière des phoques. Les structures anatomiques compatibles avec une locomotion aisée sur la terre ferme n'apparurent qu'au Carbonifère.

46 Quoi de neuf sur le front des dinosaures ?

Les dinosaures sont des sauropsides ovipares présentant la caractéristique de se tenir sur des membres verticaux. Depuis l'exhumation dans les années 1990 de nombreux fossiles de dinosaures à plumes en Chine, les découvertes se sont succédé à un rythme soutenu. En voici quatre exemples remarquables.

2006. À partir de l'étude des isotopes de l'oxygène de dents fossilisées, des géochimistes français montrent que plusieurs groupes de dinosaures du Crétacé étaient endothermes, c'est-à-dire à sang chaud. La même équipe obtiendra en 2010 des résultats équivalents sur des fossiles de grands sauropsides marins contemporains, mais non dinosauriens (ichtyosaures, plésiosaures et mosasaures).

2011. Découverte dans de l'ambre canadienne de onze fragments de plumes colorées de dinosaures datant de la fin du Crétacé (-79 millions d'années). Leur structure avec barbes et barbules est très proche de celle des oiseaux actuels. Certaines étaient étanches à l'eau et donc adaptées à la plongée. Elles sont de couleur marron à noire.

Caudipteryx zoui, dinosaure à plumes du Crétacé inférieur découvert en 1998 (noter le plumeau à l'extrémité de la queue). Formation Yixian, Province du Liaoning (Chine)

Hauteur : 60 cm ; longueur : 2 m

Non, les dinosaures n'ont pas disparu !

Certains s'en étaient doutés dès la découverte en 1861 du premier squelette d'archéoptéryx dans le calcaire lithographique du Jurassique supérieur de Solnhofen, en Bavière : les oiseaux sont des dinosaures ! Mais très vite, on a préféré faire de ce petit fossile doté de plumes, de dents et d'une longue queue osseuse le « chaînon manquant » entre les « reptiles » et les oiseaux. Il a fallu attendre les années 1990 et la découverte d'une multitude de dinosaures emplumés dans la province chinoise du Liaoning pour se pencher de nouveau sur le vénérable cas. Les études d'anatomie comparée entre l'archéoptéryx, les dizaines d'espèces fossiles de dinosaures à plumes récemment découvertes et les oiseaux modernes ont conduit les spécialistes à ces deux conclusions : (1) l'archéoptéryx appartient à une branche dinosaurienne très voisine de celle des oiseaux, et peut-être même en est-il un *sensu stricto* ; (2) tous les oiseaux sont des théropodes (dinosaures bipèdes, carnivores pour la plupart des formes fossiles, voir figure).
Une étude récente, basée sur l'analyse géomorphométrique des crânes, a montré que les oiseaux ont conservé la forme juvénile des anciens théropodes : « museau » court, grands yeux, cerveau volumineux et petite taille. Ce dernier point est fondamental, puisque c'est probablement ce qui leur a permis de franchir sans encombre le grand cataclysme de la fin du Crétacé, lequel a rayé de la surface du globe tout ce qui pesait plus d'une vingtaine de kilogrammes (*voir Clé 50*).
La conclusion de ceci, c'est qu'il ne faut plus dire que les dinosaures ont disparu à la limite Crétacé-Tertiaire, mais seulement les dinosaures « non-aviens ». Mieux : il y a actuellement sur Terre deux fois plus d'espèces de dinosaures que de mammifères (environ 10 000 espèces d'oiseaux pour un peu moins de 5 500 espèces de mammifères) !

2012. Une équipe anglaise applique aux grands dinosaures quadrupèdes une nouvelle méthode mathématique pour évaluer la masse d'un animal à partir de son squelette. Dès lors, les herbivores géants subissent une sévère cure d'amaigrissement : un brachiosaure de 25 mètres a ainsi vu sa masse estimée fondre de 80 à 23 tonnes. Un régime radical, à faire pâlir de jalousie les humains en surpoids !
2012 (bis). Jusqu'au mois d'avril de cette année, on croyait que seuls les dinosaures bipèdes de taille modeste pouvaient porter des plumes. Mais une stupéfiante découverte dans la féconde province chinoise du Liaoning ouvre de nouvelles perspectives : celle d'un fossile crétacé de tyrannosauridé emplumé, long de neuf mètres et pesant plus d'une tonne. Un habit d'autruche sur un corps de tueur, est-ce bien sérieux ?

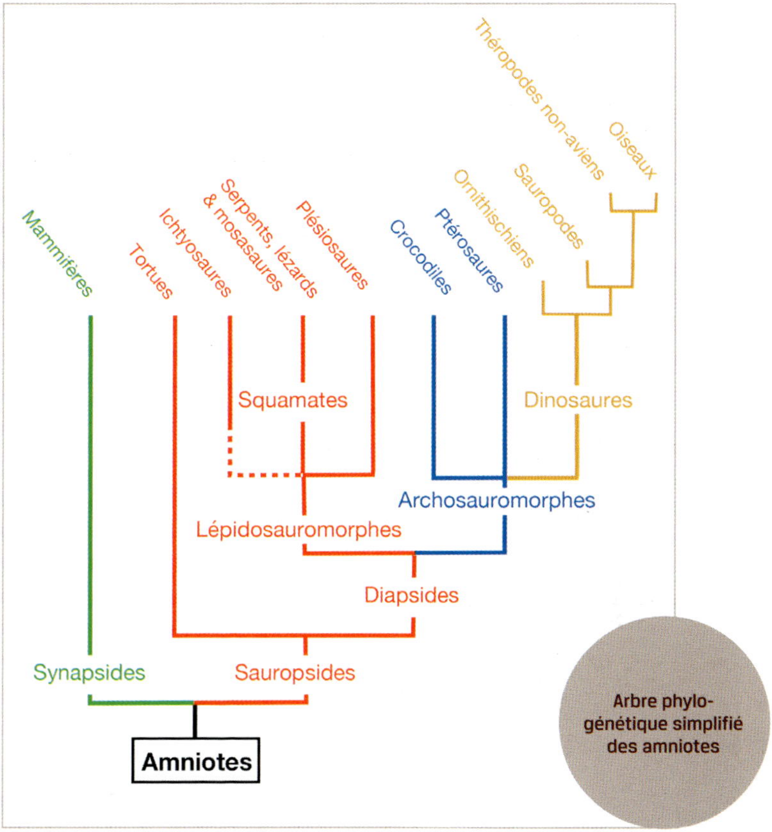

Arbre phylogénétique simplifié des amniotes

47 Que nous apprennent les fossiles sur l'évolution des plantes ?

L'évolution des végétaux terrestres se marque par une série d'acquisitions structurales fondamentales au cours des temps géologiques. Les premiers végétaux à apparaître – les hépatiques et les mousses – sont des plantes non vasculaires, au contraire de leurs successeurs : les lycophytes, les prêles et les fougères, dont la reproduction se fait par dispersion de spores, les plantes à graines nues (incluant les conifères), et les plantes à fleurs (angiospermes).
Si les hépatiques ont timidement exploré les rivages dès l'Ordovicien (*voir Clé 45*), c'est au Dévonien que les plantes ont véritablement entamé leur expansion continentale. Il existe en Écosse un superbe témoignage de cette colonisation végétale :

la flore de Rhynie, près d'Aberdeen, dont l'âge s'établit entre 412 et 396 millions d'année. La présence d'eaux thermales et de geysers dans un ancien environnement marécageux a permis la silicification de plantes et de nombreux arthropodes, en préservant leur microstructure. On découvre ainsi une flore variée et de petite taille (inférieure à un mètre), subordonnée au milieu aquatique. Les premières plantes vasculaires (lycophytes) y jouxtaient des mousses et des champignons.

Les principaux constituants des fameuses forêts houillères du Carbonifère étaient des lycophytes arborescents, dominés par les sigillaires et les lépidodendrons (*voir Clé 86*). Ils étaient associés à des prêles, ainsi qu'à des fougères et aux premiers conifères. Ces immenses couverts végétaux habillaient les zones humides intertropicales, correspondant aux continents de l'hémisphère Nord actuel.

Le début de l'ère secondaire a vu le développement des plantes à graines nues. Le témoignage fossile le plus emblématique de cette période est la forêt pétrifiée d'Arizona, riche en troncs silicifiés de conifères. Ces arbres occupaient une ancienne région deltaïque.

Enfin, la dernière grande étape de l'évolution des végétaux, que Darwin qualifiait d'« abominable mystère », est l'apparition des angiospermes – ou plantes à fleurs – au cours de l'ère secondaire (l'étage précis est âprement discuté).

Troncs de conifère silicifiés (*Araucarioxylon arizonicum*), Trias. Petrified Forest National Park, Arizona, États-Unis

48 Les fossiles sont-ils de bonnes horloges géologiques ?

Les couches sédimentaires peuvent être vues comme les pages d'un livre illustré, où les minéraux correspondent aux lettres, les roches aux mots, les fossiles aux images. Ou, mieux, comme les feuillets d'un journal anonyme écrit au jour le jour. Mais la date n'est pas marquée dans le coin en haut à droite, les cahiers sont mal agrafés et certains paraissent incomplets. Quant aux feuilles volantes qu'on retrouve çà et là, elles sont généralement déchirées ou chiffonnées. Alors, comment faire pour reconstituer l'intégralité de l'histoire ? Eh bien, il faut dater les pages et pour cela, il existe deux procédés.

Le premier, c'est la datation absolue, qui donne un résultat chiffré. Les méthodes sont basées sur le principe de la radioactivité des éléments chimiques présents dans une roche. Un élément peut posséder plusieurs isotopes, c'est-à-dire des variétés de même numéro atomique, mais de masse différente. Un isotope père, radioactif, se désintègre en fonction du temps pour donner naissance à un isotope fils stable. En mesurant les quantités d'isotopes père (potassium 40, par exemple) et fils (argon 40) dans un minéral ou une roche, il est possible de déterminer son âge. Ces méthodes ne s'appliquent généralement qu'aux roches magmatiques et métamorphiques.

Pour les roches sédimentaires, on utilise un autre outil, permettant d'obtenir des âges relatifs – ou non chiffrés : les fossiles. D'abord, le « chronomètre » est étalonné dans des séries géologiques de référence, où des lits sédimentaires fossilifères se trouvent en relation avec des roches magmatiques datées. Certains des fossiles présents peuvent ensuite être utilisés pour déterminer l'âge d'autres formations, localisées n'importe où dans le monde, qui les contiennent également. Ces organismes « dateurs » sont connus sous l'appellation de *fossiles stratigraphiques*. Ils doivent répondre à trois critères : (1) être communs, (2) avoir une vaste répartition

Trilobite *Dicranurus hamatus*, Dévonien inférieur. Clarita, Oklahoma, États-Unis

Longueur (sans les épines) : 4 cm

géographique, (3) appartenir à un groupe à évolution morphologique rapide, de façon à ce qu'une espèce donnée soit le marqueur d'une courte période de temps. Certains brachiopodes ou les trilobites sont d'excellents fossiles stratigraphiques de l'ère primaire, tandis que les ammonites remplissent parfaitement ce rôle durant l'ère secondaire.

49 Les fossiles sont-ils de bons indicateurs environnementaux ?

Oui, certains le sont, mais pas les mêmes que précédemment. En effet, lorsqu'un fossile – dit « de faciès » – présente des traits morphologiques dépendants de l'environnement, il n'est plus utilisable pour la datation. La reconstitution des environnements anciens est basée sur le principe de l'actualisme, qui postule que les lois régissant les milieux naturels actuels sont les mêmes que dans le passé.

Les plantes ont toujours été fortement influencées par le climat. L'examen des associations floristiques et des pollens fossiles permettent de reconstituer les conditions climatiques d'un environnement ancien. Autre exemple fameux, sur lequel ont planché des milliers de lycéens : une espèce de ginkgo, arbre présent sur la Terre depuis environ 270 millions d'années, possède sur ses feuilles un nombre de stomates (ouvertures permettant des échanges gazeux entre la plante et l'atmosphère) inversement proportionnel à la concentration de gaz carbonique dans l'atmosphère. Le simple comptage des stomates sur les végétaux fossiles permet donc d'estimer les paléoclimats à différentes époques et dans diverses zones du globe.

Si l'on se tourne vers le monde animal, on découvre que les coquilles sont souvent d'excellents indicateurs de milieux. Ainsi, la quantité de fragmentation est révélatrice du degré d'agitation littorale. La direction et la force d'un courant marin peuvent être matérialisées par l'orientation des coquilles allongées au moment du dépôt. Les foraminifères sont des microfossiles connus pour donner des indications bathymétriques. Enfin, des coquilles épaisses et richement ornementées sont révélatrices d'une forte production de carbonate de calcium, donc d'un milieu aquatique plutôt chaud.

50 Que nous disent les fossiles sur les extinctions massives ?

Qu'« **O**n **D**oit **P**révenir **T**oute **C**atastrophe » ! Voilà un bon moyen mnémotechnique pour se souvenir des cinq extinctions massives qui ont ponctué l'histoire du vivant (hors Précambrien). Ces désastres biologiques ont été enregistrés par une brusque diminution du nombre d'espèces fossiles dans les couches sédimentaires qui surmontent les niveaux contemporains de l'événement. Chaque phase d'extinction est suivie par un rebond de la biodiversité, lorsque de nouveaux groupes occupent les niches laissées vacantes par les espèces disparues. Voici les *Big Five*, dans l'ordre d'apparition.

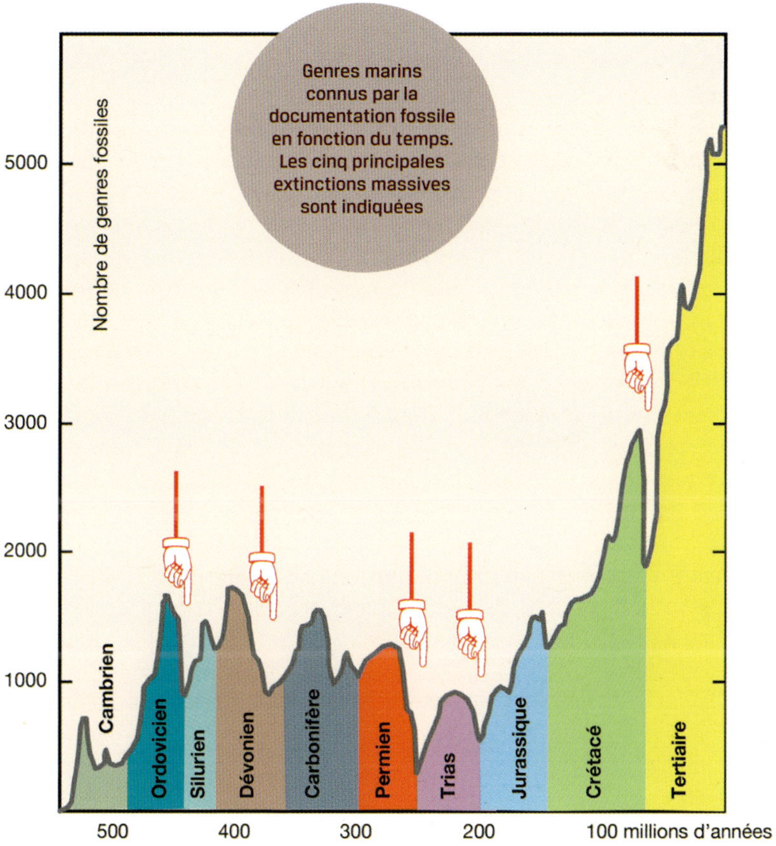

La première correspond à la limite **O**rdovicien-Silurien (-443 millions d'années). Environ 60 % des espèces, toutes marines, disparaissent. La cause serait une grande glaciation, peut-être à la suite d'une bouffée de rayons gamma liée à la mort d'une étoile massive proche (?).

La deuxième extinction, celle du **D**évonien supérieur (vers -375 millions d'années) s'étale sur une période de deux et quatre millions d'années et affecte essentiellement les espèces marines, dont 55 à 60 % seraient rayés du globe. Elle serait due à une modification des circulations océaniques et à des bouleversements climatiques.

La troisième est la *Big One*, la plus grande catastrophe écologique de l'histoire de la Terre. Elle survient à la limite **P**ermien-Trias (-252 millions d'années) et marque donc un changement d'ère : 96 % des espèces marines (dont les trilobites) et 70 % des espèces terrestres disparaissent. Modification des circulations océaniques ? Supervolcan ? Libération d'hydrates de méthane ? Le débat fait rage.

À la limite **T**rias-Jurassique (-199 millions d'années), environ la moitié des espèces marines disparaissent. Cet événement, sans doute lié au volcanisme à l'origine de la Province magmatique Centre-Atlantique (CAMP), aurait favorisé l'expansion des dinosaures.

La cinquième et la plus célèbre – mais pas la plus importante – coïncide aussi avec un changement d'ère : l'extinction brutale à la limite **C**rétacé-Tertiaire (-66 millions d'années) d'environ 70 % des espèces, dont tous les dinosaures non-aviens et les ammonites. L'événement déclencheur serait la chute d'un astéroïde géant à l'origine du cratère de Chicxulub au Mexique.

Vivrait-on actuellement la sixième grande extinction ? Cette fois, la cause n'est pas douteuse : l'activité humaine ! Notre passage sur la Terre n'est qu'un fugace instant de sa longue histoire, à peine de quoi remplir une couche géologique. Mais, c'est sûr, il sera lourd de conséquences…

Au cœur des montagnes : les roches métamorphiques

Migmatites. Plouguerneau (29)

51 Que se passe-t-il au cœur des montagnes ?

La collision entre deux blocs continentaux a pour effet la surrection des chaînes de montagnes. Au cours de ce processus, les roches sédimentaires sont enfouies et déformées.
La tectonique est l'ensemble des déformations qui affectent les terrains : tectonique cassante pour les failles et souple pour les plis. L'élévation de la température et/ou de la pression par enfouissement peut entraîner conjointement l'apparition de structures orientées et de nouveaux minéraux : c'est le métamorphisme.
« *M. de Montaigne s'informant si c'était autre chose que cette vallée que nous avions passée et le haut des montagnes qui s'étaient présentées à nous, il lui fut répondu (...) que c'était comme une robe que nous ne voyons que plissée ; mais que si elle était épandue, ce serait un fort grand pays que le Tyrol* » peut-on lire dans le *Journal de voyage de Michel de Montaigne*, écrit en 1580-1581 et publié en 1774. Belle intuition ! Les plis résultent en effet de la flexion des roches sous une contrainte compressive. Ils sont mis en

évidence grâce à des niveaux repères dont la géométrie antérieure est connue, comme la stratification des roches sédimentaires, horizontale avant la déformation. Un pli convexe vers le haut, qui montre – après érosion – des terrains plus anciens dans sa partie centrale, est un *anticlinal* ; quand la courbure est concave vers le haut, avec au centre les terrains les plus récents, c'est un *synclinal*. La zone d'un pli où la courbure est maximale s'appelle la charnière et les parties situées de part et d'autre sont les flancs. On observe des plis à toutes les échelles, depuis la centaine de kilomètres jusqu'au dixième de millimètre. En fonction de la profondeur à laquelle ils se forment, les plis n'ont pas la même morphologie. Dans les zones les plus superficielles des chaînes de montagne, la déformation se traduit essentiellement par de la fracturation (failles) et des plis concentriques, formés de bancs à épaisseur constante. On en voit typiquement dans le Jura, qui est une chaîne d'avant-pays, au front des Alpes, et dont les structures sont peu profondes. Avec l'augmentation de la pression et de la température, les roches deviennent plastiques, les flancs s'étirent, les charnières s'épaississent, et un feuilletage apparaît parallèlement au plan d'aplatissement : c'est la *schistosité*.

Horace-Bénédict de Saussure, un pionnier de la géologie structurale

Horace-Bénédict de Saussure est un naturaliste et alpiniste suisse né en 1740 et mort en 1799 à Conches, près de Genève. Sa vie et son œuvre sont conditionnées par les Alpes, dont il est profondément passionné. Il sera l'un des premiers à vaincre le mont Blanc en 1787. Ses activités scientifiques englobent tous les domaines des sciences naturelles : botanique, météorologie, hydrographie, physique, minéralogie et géologie structurale, spécialité dans laquelle il excelle. Les résultats de ses recherches seront consignés dans les quatre tomes de ses *Voyages dans les Alpes*, qui paraîtront entre 1779 et 1796.

Horace-Bénédict de Saussure est le premier à remarquer que les roches sédimentaires alpines ont été non seulement soulevées après leur formation, ce qui était la théorie en vogue à son époque, mais aussi plissées par compression horizontale. Il condense sa découverte dans l'expression devenue célèbre de « refoulements horizontaux », concept qui beaucoup plus tard sera au cœur de la théorie de la tectonique des plaques. Ce touche-à-tout de génie est aussi l'inventeur de l'hygromètre à cheveu et du capteur solaire ; il mesure le point d'ébullition de l'eau en altitude, calcule la hauteur du mont Blanc avec une erreur de moins de 35 mètres et, enfin, finance avec enthousiasme les travaux des frères Montgolfier. Un joyeux touche-à-tout, qu'on vous dit...

Plis à toutes les échelles. Couche de calcaire jurassique formant un pli en falaise sur la rive droite de l'Arve (74)

Schistes et granites ordoviciens du comté de Nordland (Norvège)

Schistes bleus dévoniens de l'île de Groix (56)

52 Quelles transformations enregistre-t-on à l'échelle du minéral ?

Nous avons vu à la *Clé précédente* que le métamorphisme est associé à la tectonique, du moins quand la pression et la température deviennent suffisamment élevées pour induire des transformations minéralogiques : réorientations, dissolutions et recristallisations. Ces mécanismes peuvent produire des feuillets schisteux de lithologie alternativement contrastée, où la plupart des minéraux sont orientés. La schistosité prend alors le nom de *foliation* métamorphique. C'est le cas par exemple dans les gneiss, roches formées de niveaux quartzo-feldspathiques clairs et de niveaux micacés sombres, dérivées par métamorphisme d'anciennes séries sédimentaires (paragneiss) ou de granites (orthogneiss).

Quand une roche est portée à une température et une pression différentes de celles qui ont présidé à sa genèse, elle tend vers un nouvel état d'équilibre thermodynamique. De nouveaux minéraux apparaissent, qui sont caractéristiques, dans un système chimique donné, de ces nouvelles conditions. Ces minéraux naissent de réactions à l'état solide au niveau des limites de grains, permises par la diffusion des atomes ou des ions dans les cristaux. Les distances de migration des éléments chimiques sont suffisamment courtes pour que l'on considère que ces réactions se font à composition constante, à l'échelle de l'échantillon. Une roche métamorphique est rarement complètement transformée. Elle contient généralement des minéraux témoins des différentes étapes de son histoire. Un examen attentif de sa minéralogie peut permettre alors de reconstituer le « trajet » chronologique de la roche dans un diagramme pression-température, depuis son état initial jusqu'à la fin des événements tectoniques.

Orthogneiss de la pointe d'Icart, à Guernesey (*voir photo de la Clé 5*)

53 Comment les minéraux nous renseignent-ils sur la chronologie des événements ?

Les cristaux présents dans les roches métamorphiques sont d'excellents marqueurs de l'évolution de la déformation au cours du temps. Celle-ci peut être encadrée chronologiquement par trois sortes de minéraux : (1) ceux qui témoignent de l'état antérieur de la roche, sédimentaire ou magmatique, (2) ceux qui se développent au cours des événements tectoniques et qui, par conséquent, enregistrent l'évolution de la déformation dans le temps, enfin, (3) les minéraux qui apparaissent après la déformation, lors du relâchement des contraintes.
Les minéraux apparus avant le métamorphisme donnent des indications sur la nature du matériau initial. Par exemple, les grands cristaux de feldspath potassique que l'on rencontre fréquemment dans les orthogneiss dits « œillés » sont hérités du granite originel.

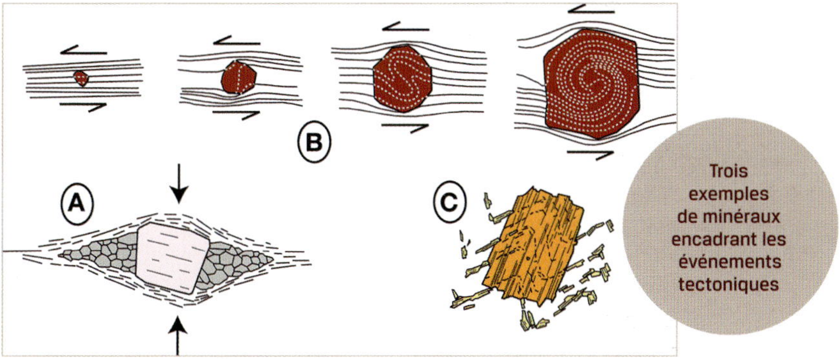

A) Structure « œillée » à feldspath hérité, antémétamorphique, bordé de petits quartz apparus au cours de la déformation dans des zones abritées de la pression (ombres de pression). B) Grenat syntectonique qui tourne au cours de sa croissance et montre des figures d'enroulement de sa foliation interne. C) Mica post-tectonique, qui enregistre l'état final de la déformation

Les minéraux syntectoniques croissent au cours de la déformation. Certains grenats présentent par exemple des structures internes d'enroulement : la foliation, toujours perpendiculaire à deux faces du cristal, dessine une figure spiralée à l'intérieur du minéral au fur et à mesure de sa croissance et de sa rotation, dans un régime de contraintes cisaillantes.
Les minéraux post-tectoniques scellent l'état de la roche à la fin de la déformation. Certains micas tardifs présentent des

structures internes similaires à la foliation plissée de la roche : ils ont cristallisé de manière statique une fois le dernier épisode de déformation achevé.

54 Comment s'y retrouver dans ce vaste ensemble de roches de toutes origines ?

Grâce à deux notions fondamentales : la *séquence* et le *faciès* métamorphiques.

Une séquence regroupe l'ensemble des roches issues du métamorphisme de matériaux d'une certaine composition chimique : la séquence alumino-siliceuse concerne les grès, les argilites et les granites – qui produisent par métamorphisme des micaschistes et des gneiss – ; la séquence ferromagnésienne, les péridotites, les basaltes et les gabbros – donnant naissance aux amphibolites et aux éclogites – ; la séquence carbonatée, les calcaires et les dolomies – à l'origine, entre autres, des marbres.

Pour une séquence donnée, la minéralogie métamorphique traduit essentiellement les conditions de pression et de température, quelle que soit la nature lithologique du matériau initial. La pression est fonction du poids de la colonne de roche au-dessus du point considéré, tandis que la température dépend du flux thermique à travers la croûte, ou bien d'apports ponctuels de chaleur, comme celui d'un granite cristallisant à proximité. Les champs de stabilité de telle ou telle association minérale dans un diagramme pression-température sont limités par des courbes de réaction minéralogique définies expérimentalement. C'est sur cette base théorique que le géologue finlandais Pentti Eelis Eskola (1883-1964) a introduit dans les années 1920 le concept de faciès métamorphiques. Il s'agit de champs dans un diagramme P-T (pression-température) regroupant les roches métamorphiques équilibrées dans des conditions thermodynamiques comparables. Les faciès d'Eskola ont été définis à partir de la séquence ferromagnésienne, mais ils s'appliquent à tous les autres types de roches. Concrètement, une roche métamorphique dérivée d'un basalte qui se localise par exemple dans le champ des amphibolites est une amphibolite ; une roche alumino-siliceuse qui se localise au même endroit dans le diagramme P-T est un gneiss – ou un micaschiste – *du faciès* amphibolite.

Au-delà de 650 °C pour une pression moyenne comprise entre 0,5 et 2,0 gigapascals (10^9 pascals) – soit une profondeur

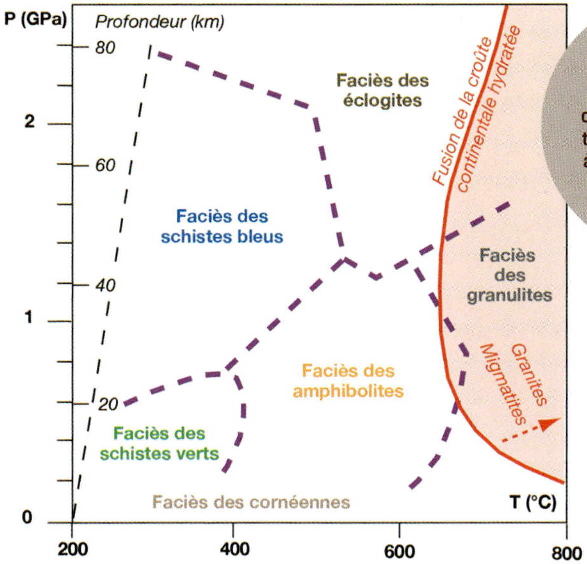

Faciès métamorphiques simplifiés sur un diagramme pression-température et limite à partir de laquelle la croûte continentale hydratée fond

En l'absence d'eau, la fusion se fait à une température plus élevée

comprise entre 20 et 70 kilomètres –, les roches hydratées de la croûte continentale commencent à fondre. Les produits de cette fusion partielle sont des *migmatites* (*voir Clé* 57). Les liquides qui s'en extraient ont une composition granitique. On voit ainsi s'esquisser le grand cycle des roches : les argilites et les grès métamorphisés produisent un liquide granitique par fusion ; ce magma cristallise en profondeur et donne naissance à un pluton granitique, qui affleurera en surface après décapage des reliefs ; altéré et érodé, il sera à la source de sédiments détritiques, lesquels se déposeront et se cimenteront pour donner naissance à une nouvelle succession argilo-gréseuse ; un nouveau cycle pourra alors débuter…

55 Quelles roches et quels minéraux trouve-t-on à haute pression ?

Les roches caractéristiques des hautes pressions métamorphiques sont les *schistes bleus* et les *éclogites*. Noms poétiques pour roches exceptionnelles…

Les schistes bleus, comme leur nom l'indique, sont des roches bleuâtres de haute pression et basse température, débitées en lames schisteuses (*voir photo Clé* 51). Leur couleur est due à la présence en grande quantité d'une amphibole bleu sombre : le glaucophane. L'île de Groix (56) est célèbre pour ses schistes bleus, qui ont justifié le classement en 1982 du secteur sud-est de l'île en réserve minéralogique nationale.

« Éclogite » est un mot qui a été forgé par l'abbé René Haüy à partir du nom grec *eklogué*, « choix ». Il voulait signifier que l'éclogite est une roche singulière par la nature, la taille et la couleur de ses minéraux fondamentaux. Elle est en effet essentiellement constituée d'omphacite, un pyroxène vert clair, et de grands cristaux de grenat rougeâtre. Ce dernier minéral peut être entouré d'une couronne réactionnelle sombre, témoignant du passage de l'éclogite dans le faciès amphibolite, de plus faible degré métamorphique. La réaction minérale correspondante est la suivante : grenat + omphacite + quartz + eau -> amphibole + plagioclase.

Lorsqu'on analyse un schiste bleu ou une éclogite, on a la surprise d'obtenir une composition de basalte ou de gabbro océanique. Pourtant, ces roches, fortement métamorphisées, s'observent au cœur des massifs montagneux, bien loin des plaines abyssales. Quelle est donc leur signification ? Comment se sont-elles retrouvées là ? Eh bien, ces roches – et c'est là leur principale originalité – sont des reliques de l'ancienne croûte de l'océan qui s'est refermé pour donner naissance à une chaîne de montagne. Au processus de subduction de la plaque océanique, qui a entraîné une augmentation de la pression à température modérée (acquisition d'une minéralogie de schistes bleus ou d'éclogite, *voir figure en Clé* 59), a succédé une exhumation, c'est-à-dire un retour vers la surface par un mécanisme complexe. Cette exhumation peut s'être faite progressivement, avec une étape d'équilibration dans des conditions de pression et de température moyennes : dans le champ des amphibolites, par exemple…

Éclogite à pyroxène vert (omphacite) et grenat rouge

On note que les cristaux de grenat sont bordés de couronnes réactionnelles riches en amphibole sombre. Saint-Philibert de Grand-Lieu (44)

Pourquoi les éclogites de Plounévez-Lochrist sont-elles si dures ?

Parce que Saint Hervé en a décidé ainsi. Ce religieux du VIe siècle, fils d'un barde émigré de Grande-Bretagne, était aveugle de naissance. Un jour qu'il traversait un hameau de Plounévez-Lochrist, dans le Léon (29), il trébucha contre une pierre et se blessa le pied. À la suite de cet incident, Hervé pria Dieu que les pierres de ce hameau deviennent si dures que ni le fer, ni l'acier ne puisse plus les entamer. Il ne fait pas de doute que cette légende fait référence aux éclogites qui affleurent en blocs au sud-ouest de Plounévez-Lochrist, des roches exceptionnellement denses et dures. Les agriculteurs, ne sachant qu'en faire, les amassent généralement en bordure des champs. L'auteur de ces lignes a d'ailleurs pu constater récemment le bien-fondé de cette tradition. Au cours d'une excursion de Master dans le secteur fin 2013, le marteau de l'une de ses étudiantes s'est ébréché sur un bloc d'éclogite, sans que la roche ne soit entamée. Saint Hervé a dû rigoler dans sa tombe...

56 Quelles roches et quels minéraux rencontre-t-on à haute température ?

Des minéraux métamorphiques peuvent cristalliser en milieu solide à pression constante, par simple augmentation de température. Comme ils apparaissent généralement au cours du refroidissement d'une intrusion magmatique et se localisent à sa périphérie, le processus qui leur donne naissance se nomme *métamorphisme de contact*. La zone métamorphisée forme une auréole de quelques dizaines à quelques centaines de mètres dans les terrains entourant l'intrusion. Les nouveaux minéraux ne cristallisant pas sous contraintes tectoniques, ils ne sont pas orientés.

Les faciès les plus spectaculaires du métamorphisme de contact se rencontrent dans les schistes en bordure des plutons granitiques. Les minéraux nouvellement formés – essentiellement des andalousites (silicates d'alumine) et des cordiérites (silicates d'aluminium, de fer et de magnésium) – sont parfois regroupés en assemblages de quelques millimètres. Tout près du granite, la longueur des cristaux néoformés peut atteindre plusieurs centimètres. Quand la roche présente des recristallisations de mica, de feldspath, de pyroxène et/ou de grenat, elle devient très dure : c'est une *cornéenne* (voir la localisation dans le diagramme P-T de la *Clé* 54).

Le minéral le plus emblématique du métamorphisme de contact, l'andalousite, présente de curieuses caractéristiques. D'abord, il a exactement la même composition que deux autres polymorphes métamorphiques : le disthène (plus haute pression) et la sillimanite (plus haute température). Ensuite, l'andalousite commune montre de belles inclusions noirâtres en forme de croix, de sablier ou de carré. Enfin, la découverte de ce minéral résulte d'une double erreur. Le minéralogiste Jacques Louis de Bournon, quand il le décrit pour la première fois en 1789, le prend pour un feldspath. Le naturaliste Jean-Claude Delamétherie, se rendant compte de la méprise de son collègue, attribue neuf ans plus tard son nom actuel au minéral en croyant que les spécimens qu'il étudiait avaient été échantillonnés en Andalousie. Mais ils provenaient en fait de la province espagnole de Guadalajara. En toute logique, l'andalousite aurait donc dû s'appeler « guadalajarite »...

Cristaux d'andalousite développés au détriment d'un schiste ordovicien par métamorphisme thermique autour du granite de Rostrenen. Les Salles de Rohan, Sainte-Brigitte (56)

57 Quelles roches découvre-t-on lorsque l'on approche de la fusion ?

Les roches de la croûte continentale fondent lorsqu'elles sont soumises à une chaleur importante : c'est l'*anatexie*. Cette fusion débute à des températures variables, en fonction de la nature de la roche, de la pression et de la présence ou non d'eau. La température de fusion est en effet d'autant plus basse que la roche est hydratée. Le principal mécanisme tectonique menant à l'anatexie est l'épaississement de la croûte, qui résulte du raccourcissement dû à la compression lors de la formation d'une chaîne de montagne. La racine de la chaîne s'enfonce et les roches métamorphiques profondes, portées à

des températures élevées, fondent partiellement. Il se forme alors des gneiss sombres contenant des lentilles granitiques claires : les *migmatites*. Les niveaux granitiques sont produits par la fusion des minéraux blancs du gneiss (quartz et feldspath). Les niveaux sombres sont des résidus « surmicacés », qui concentrent les minéraux réfractaires à la fusion (principalement les biotites ou micas noirs). Ces matériaux hybrides se situent à la frontière entre le champ des roches métamorphiques et celui des roches magmatiques. Pierre Thomas, de l'École normale supérieure de Lyon, propose une judicieuse comparaison : les migmatites ressemblent à des rillettes chauffées au soleil ! Le gras se sépare du maigre, qui ne fond pas, et l'ensemble devient un mélange de fibres carnées et de gouttes graisseuses, lesquelles se figent après refroidissement. Du fait de sa faible densité, il arrive qu'une partie du magma granitique quitte la zone migmatitique pour remonter à travers la croûte et donner naissance à un pluton. Au contraire des granites dérivés de magmas produits par la fusion du manteau, les granites anatectiques sont riches en aluminium, ce qui se traduit par la présence de minéraux spécifiques : soit de la muscovite (mica blanc alumino-potassique), soit de la cordiérite (voir la photo d'un granite à cordiérite en *Clé 29*).
Comme les migmatites se forment à la racine des chaînes de montagne, elles ne s'observent à l'affleurement que dans des terrains anciens, exhumés par un processus tectonique, puis intensément érodés.

Migmatite carbonifère de Plouarzel (29), à lentilles granitiques claires et niveaux surmicacés sombres

58 Comment suivre l'évolution du métamorphisme sur le terrain ?

Saviez-vous qu'avec une carte géologique et de solides chaussures de marche, il est possible de s'enfoncer dans les profondeurs de la croûte continentale au cours d'une simple randonnée dominicale ? Pas besoin pour cela d'un engin foreur muni d'une chignole de compétition, une simple loupe suffit !
On a vu que l'intensité du métamorphisme et ses caractéristiques en termes de pression et de température peuvent être déduites de l'observation d'associations de minéraux nouvellement formés. Une *zone* est un volume de terrain montrant un certain degré de métamorphisme. Sur une carte géologique, les zones sont limitées par des courbes d'égale intensité métamorphique ou *isogrades*. Le passage d'une zone à une autre de plus forte intensité métamorphique se remarque par la disparition de minéraux, désignés par un signe « - », et/ou l'apparition d'autres, marqués d'un signe « + ». Un métamorphisme dont l'évolution peut être ainsi suivie sur une carte géologique est dit *régional*. Par exemple, dans la séquence alumino-siliceuse du massif de l'Arize (Ariège), l'augmentation de l'intensité métamorphique (à pression modérée) peut se voir sur une carte par une succession d'isogrades qui limitent des zones à lithologie différente. Au nord, on observe des roches sédimentaires argileuses peu transformées : des schistes à chlorite. Au sud de l'isograde (1), on trouve des roches plus métamorphisées, des micaschistes, caractérisées par l'apparition d'un nouveau minéral : la biotite. L'isograde (1) est donc [*biotite+*]. Puis les micaschistes s'enrichissent d'un autre minéral une fois passé l'isograde (2) [*Andalousite+*]. En poursuivant la progression vers le sud, on remarque que les feldspaths, qui étaient petits et peu nombreux dans les micaschistes, deviennent visibles à l'œil nu. On entre dans le champ des gneiss, qui se caractérisent également par la présence d'un minéral de haute température, polymorphe de l'andalousite : la sillimanite. L'isograde (3) [*Muscovite-, Andalousite-, Sillimanite+, Feldspath potassique+*], qui vient d'être franchi, marque le début de la fusion. Celle-ci deviendra bientôt facilement reconnaissable sur le terrain, lorsque s'individualiseront les premières lentilles granitiques. On sera alors en présence de migmatites.

Quand je vous disais qu'une simple balade de cinq kilomètres dans la nature peut se transformer, à moindre frais, avec seulement un peu d'attention, en voyage (pas tout à fait) au centre de la Terre…

Isogrades métamorphiques et migmatites dans le massif de l'Arize (09)

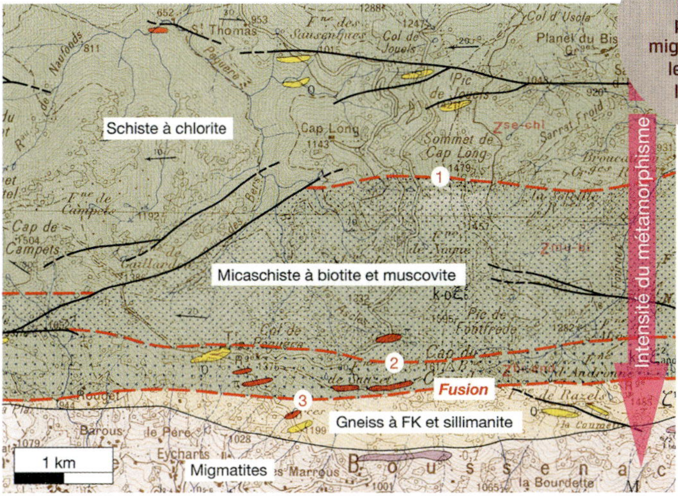

FK: feldspath potassique. Extrait de la carte géologique de Saint-Girons au 1/50 000

59 Que se passe-t-il quand la chimie change aussi ?

Il est alors question de *métasomatose*, c'est-à-dire d'un métamorphisme qui s'accompagne d'une modification de la chimie des roches initiales. Le processus de métasomatose le plus emblématique est celui qui conduit à la modification du manteau au-dessus d'une plaque océanique en subduction. Ce métamorphisme particulier est à l'origine du volcanisme des arcs insulaires.

Du fait de leur long séjour au fond des eaux, les roches d'une plaque océanique plongeante – roches sédimentaires, laves et gabbros de la croûte, péridotites de la partie supérieure du manteau – contiennent de nombreux minéraux hydratés. Avec l'augmentation de la pression et de la température, ils deviennent instables et se transforment en minéraux anhydres. L'eau libérée au cours de ces réactions minéralogiques, chargée d'éléments chimiques, percole depuis la plaque plongeante vers la partie sus-jacente du manteau. La déshydratation de la plaque océanique subductée a un double effet sur la péridotite du manteau : elle modifie sa composition et abaisse son point de fusion. La péridotite chimiquement transformée peut ainsi fondre partiellement à une certaine profondeur et produire un magma basaltique riche en eau. Celui-ci remonte, évolue dans une chambre magmatique jusqu'à atteindre une composition d'andésite (en général), puis est expulsé par éruption au niveau de volcans. En contexte océanique, ceux-ci sont groupés dans des archipels en forme d'arcs. L'importante viscosité des laves et leur forte teneur en eau sont cause de la considérable explosivité de ces « volcans gris ».

Cet exemple illustre une fois de plus le lien reliant les processus exogènes, se produisant à la surface de la Terre, à ceux de nature endogène, à l'intérieur du globe : si les roches de la plaque océanique ne s'altéraient pas par interaction avec l'eau de mer avant d'entrer en subduction, il n'y aurait pas de volcanisme dans la ceinture de feu du Pacifique… et les Antilles n'existeraient pas !

Déshydratation de la plaque océanique lors de la subduction et métasomatose du manteau sus-jacent, conduisant à sa fusion partielle

On notera le métamorphisme progressif de la croûte plongeante : à pression croissante, les basaltes et les gabbros se transforment en schistes verts, en schistes bleus, puis en éclogites

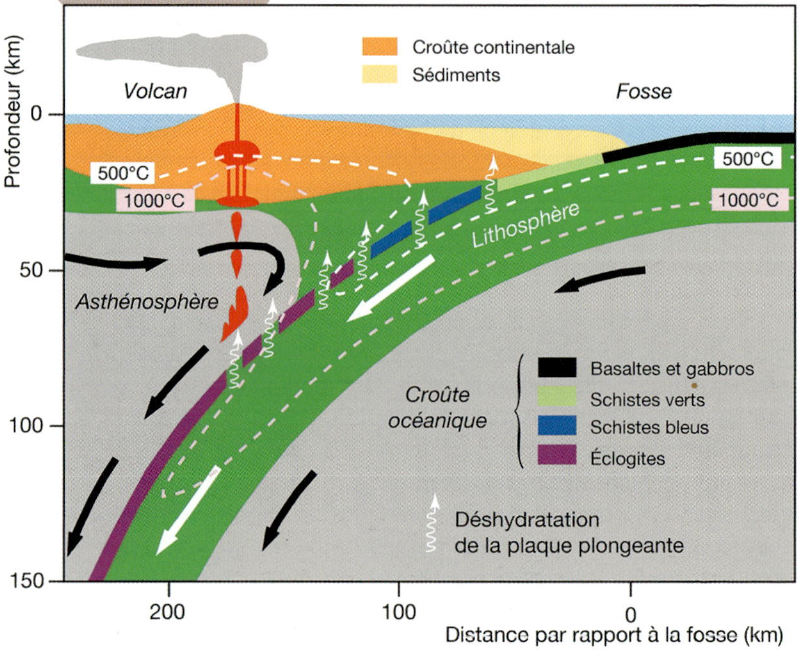

60 Un impact météoritique peut-il transformer les roches terrestres ?

Oui, et de manière considérable ! On entre là dans le champ du *métamorphisme de choc*.

La plupart des météorites, de très petite taille, se consument dans l'atmosphère ou atteignent le sol sans provoquer de dégâts. Seule la chute d'une météorite pierreuse dont le diamètre excède 100 mètres – ou d'une météorite métallique de plus de 10 mètres – est susceptible de générer un cratère d'impact. Or, la fréquence moyenne de chute d'une météorite de 100 mètres de diamètre n'est que de 10 000 ans, alors que la Terre est percutée en moyenne toutes les 30 secondes par une micrométéorite d'un millimètre et tous les ans par un objet d'un mètre de diamètre. Le risque de quitter la vie, ratatiné par une masse extraterrestre, est donc minime. Tant mieux, car quand tombe un gros objet, les dégâts sont colossaux. Au point d'impact d'une grande météorite, les roches terrestres peuvent être sublimées (passage direct de la phase solide à la phase vapeur), liquéfiées, vaporisées ou fracturées. Les *impactites* sont les roches modifiées à la suite d'un tel événement, tandis que les *tectites* correspondent aux fragments de roches fondues expulsés hors du cratère lors de l'impact. Ces deux types de roches, d'origine terrestre, se forment en quelques fractions de seconde. Il existe une vaste zone d'impactites en France dans la région de Rochechouart (87). Elles résultent de la chute d'une météorite géante d'un kilomètre et demi de diamètre, tombée il y a 201 millions d'années,

Les minéraux du métamorphisme de choc

Le métamorphisme de choc produit en surface des minéraux de très haute pression, caractéristiques du manteau profond. On y trouve ainsi :
- **le diamant**, qui est la forme de haute pression du carbone ;
- deux polymorphes de la silice : **la coésite**, qui apparaît à plus de 2,5 gigapascals, et **la stishovite**, qui se forme à une pression supérieure à 10 gigapascals ;
- **la hollandite potassique**, une forme (présidentielle...) de feldspath de haute pression.

Outre ces minéraux spécifiques, les impacts météoritiques peuvent produire **des cristaux choqués**, essentiellement de quartz. Sous un microscope polarisant, ces minéraux montrent des structures lamellaires témoignant d'une déformation de leur réseau cristallin par une onde de choc.

à la limite Trias-Jurassique. Le cratère initial, dont ne demeure que la partie profonde, avait un diamètre excédant 20 kilomètres. L'impact aurait modifié les roches jusqu'à plus de 5 kilomètres de profondeur. Les impactites de la région de Rochechouart présentent des lithologies très variées, depuis un verre bulleux enrichi en nickel au centre du cratère, jusqu'à des brèches périphériques non vitreuses, constituées de fragments de gneiss ou de granite de quelques millimètres à plusieurs mètres de longueur.

Impactite vitreuse de Rochechouart (87), à très fort taux de fusion ; présence de bulles de gaz étirées lors de l'écoulement du liquide

De la Lune à Vesta, les (vieilles) roches extra-terrestres

Io (satellite de Jupiter) en vraies couleurs

Image Galileo (1999)

61 Quels sont les différents types de météorites ?

L'origine extraterrestre des météorites a été proposée très tôt, dès le Ve siècle av. J.-C., par Anaxagore de Clazomènes (voir encadré page suivante) et son contemporain Diogène d'Apollonie. Mais cette idée de pierres venues de l'espace a ensuite été vigoureusement combattue par les autorités philosophiques et religieuses. Elle ne ressurgira pas en Europe avant la fin du XVIIIe siècle.

Les météorites sont actuellement classées en deux grandes catégories : les *chondrites*, qui proviennent d'astéroïdes (petits corps gravitant autour du Soleil) de diamètre inférieur à quelques dizaines de kilomètres, et les météorites différenciées, issues de plus gros corps parents, astéroïdes ou planètes. Les chondrites sont des fragments de petits astéroïdes ayant conservé la structure acquise lors de leur genèse, il y a 4,57 milliards d'années. Elles sont formées de chondres, petites billes millimétriques constituées principalement de minéraux silicatés, comme l'olivine et le pyroxène, englobés dans une matrice fine. Les chondres résultent de la cristallisation de gouttes de magma riche en fer, qui étaient en état de microgravité dans la nébuleuse solaire primitive. Les chondrites sont les météorites les plus courantes : elles représentent plus de 80 % des chutes. Certaines renferment du carbone, parfois sous forme organique (acides aminés). Les planètes se sont formées par agglomération de matériaux de type chondritique.

Les météorites différenciées proviennent de corps parents de taille suffisamment importante pour s'être structurés, à la suite d'un réchauffement interne, en noyau ferreux, manteau et croûte. Les météorites différenciées se forment par pulvérisation des

La météorite d'Anaxagore

« Les Grecs rapportent qu'Anaxagore de Clazomènes, la deuxième année de la 78e olympiade [467 av. J.-C.], avait prédit, grâce à sa connaissance des écrits astronomiques, à quelle période une pierre tomberait du soleil, ce qui arriva en plein jour dans une région de Thrace proche d'Aegos Potamos. La pierre est encore exposée. Elle a environ la taille d'une charrette, couleur de brûlé, et elle est tombée à une période où on voyait une comète brûler chaque nuit. » (Pline l'Ancien, *Histoire Naturelle*, II).

Anaxagore de Clazomènes (–500 - –428) est un philosophe grec d'origine ionienne (région à l'ouest de la Turquie). Il professe que la matière est éternelle, qu'il n'y a ni création, ni destruction, mais seulement combinaison d'éléments : la naissance est l'agrégation et la mort la désunion de ces éléments. Le monde est organisé par l'esprit, un principe sans lequel il ne serait que chaos. Anaxagore considère qu'il existe des roches dans le ciel et attribue une matérialité aux astres.

Que penser de l'extrait de Pline ? Il est clair que le nom d'Anaxagore est associé à un événement céleste extraordinaire, même s'il est peu vraisemblable qu'il l'ait prédit. Peut-être que les témoins de la chute de la météorite d'Aegos Potamos – historiquement avérée – ont salué le phénomène comme la confirmation de la théorie des pierres dans le ciel d'Anaxagore ? La rumeur populaire aurait ensuite fait le reste en lui attribuant la prédiction de l'événement. C'est en tout cas l'explication qu'en donne le spécialiste Daniel Graham.

grands astéroïdes ou écaillage des croûtes planétaires à la suite de violentes collisions. Les fragments de noyaux d'astéroïdes constituent le groupe des *météorites métalliques* (environ 6 % des chutes). La grande famille des *achondrites* (environ 8 % des chutes), météorites silicatées dépourvues de chondres, est issue de manteaux ou de croûtes. Enfin, les spectaculaires météorites mixtes ou *pallasites* (environ 2 % des chutes), se présentent sous la forme des cristaux silicatés, généralement d'olivine, englobés dans une matrice métallique. Elles proviendraient des zones d'interface entre noyau et manteau.

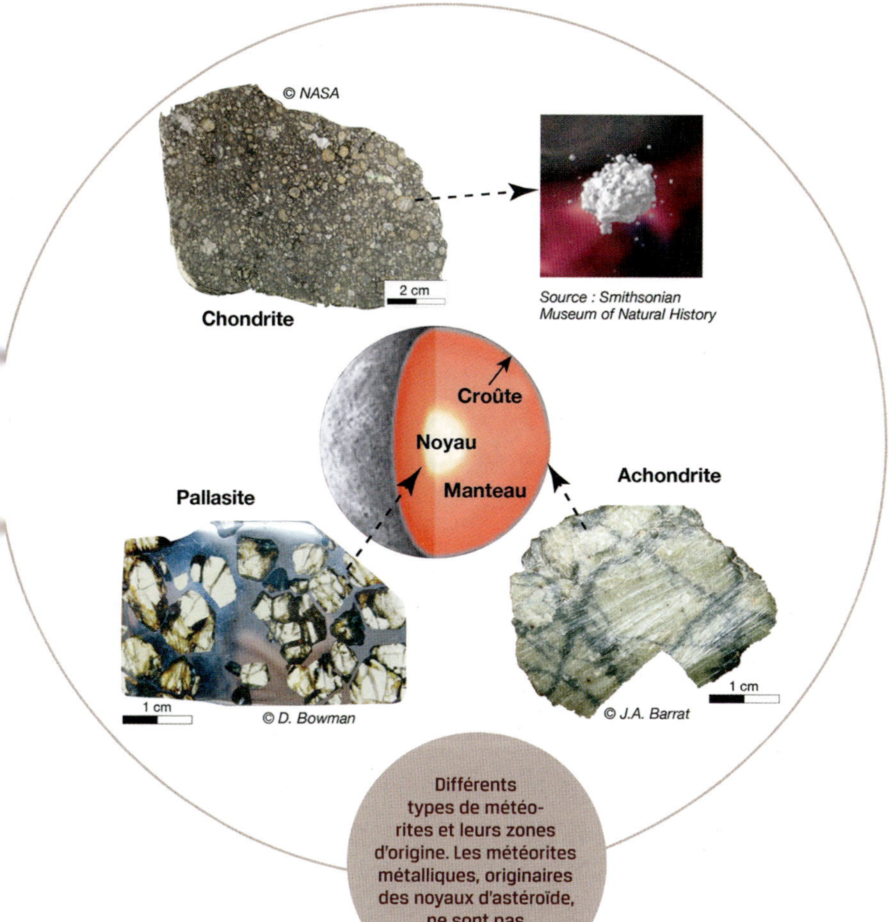

Différents types de météorites et leurs zones d'origine. Les météorites métalliques, originaires des noyaux d'astéroïde, ne sont pas représentées

62 D'où proviennent les météorites ?

Les météorites analysées proviennent d'astéroïdes à 99,8 %. Certaines achondrites sont d'origine lunaire ou martienne (environ une météorite sur mille dans les deux cas). À noter un cas particulier : la météorite de Kaidun, tombée au Yémen le 3 décembre 1980, pourrait être issue de Phobos, l'un des deux satellites de Mars.

Le fabuleux mystère de *Melencolia I* de Dürer (1514)

Peu d'œuvres picturales ont fait couler autant d'encre que *Melencolia I* du peintre allemand Albrecht Dürer (1471-1528). Cette gravure sur cuivre datée de 1514 assemble en effet une multitude d'éléments symboliques s'organisant en une composition étrange, qui semble défier toutes les tentatives d'interprétations. On peut y observer : un ange au regard triste tenant un compas, avec un livre sur les genoux et des clés à la ceinture ; un angelot bien nourri installé sur une roue ; un mur où sont accrochés un sablier, un cadran solaire, une cloche, une balance et sur lequel est tracé un carré magique ; une échelle, une sphère, un chien, un polyèdre et divers outils. Enfin, à l'arrière-plan, un paysage marin surmonté d'un arc-en-ciel, le titre de l'œuvre inscrit sur la face interne des ailes d'une créature volante en forme de chauve-souris bizarre et un mystérieux astre rayonnant, apparemment doté d'une queue de comète. Il ne sera pas question ici des interprétations infinies qui ont été proposées au cours des siècles (autoportrait ? ésotérisme ? échec à définir la beauté ?), mais seulement d'un double focus sur le polyèdre et l'objet céleste, éléments pour lesquels un consensus semble enfin se dégager.

7 novembre 1492. Une météorite de 127 kilogrammes tombe près d'Ensisheim (68). Or, à cette date, Dürer se trouve à 20 kilomètres de là, dans la ville suisse de Bâle. L'artiste s'est probablement joint aux milliers de curieux qui se sont assemblés autour des débris de l'objet céleste. Il est dès lors vraisemblable que la gravure de Dürer porte la mémoire de cet événement. La météorite serait doublement représentée : dans le ciel, puis sur le sol, après sa chute, sous la forme du gros bloc polyédrique. Quant à la symbolique globale, on peut certes y voir la tristesse dans le regard de l'ange et les traits du chien, mais aussi peut-être l'espoir d'un nouvel âge d'or annoncé par la météorite. Après les épreuves, un signe de réconfort venu du ciel…

Le lyrique Jules Michelet (1798-1874) avait une vision plus pessimiste du prisme de *Melencolia I* : *« Quoi ! Tu ne vois donc pas ? dirait-il (l'ange), s'il parlait, s'il pouvait du fond de ce cuivre se retourner vers moi. Tu ne vois pas ce bloc mal équarri, de forme irrégulière, et que la divine géométrie ne ramènera pas au prisme des cristaux ? Prismatique il était, régulier, harmonique. Qu'ai-je fait ! Sans arriver à l'art, j'ai brisé la nature. »* Histoire de *France*, XVIe siècle (1855).

Les météorites se détachent de leurs corps parents lors de collisions entre astéroïdes ou entre un astéroïde et une planète. Les fragments qui en résultent, éjectés dans l'espace, peuvent prendre une trajectoire qui croise celle de la Terre. Ils deviennent alors des météorites, dont la plupart ne sont que des poussières se consumant avant d'atteindre le sol. Toutes les planètes du système solaire ont connu un intense bombardement météoritique vers 4 milliards d'années, comme en témoignent par exemple les cratères de la surface lunaire. Des chutes de météorites actuelles ont été observées sur la Lune et Jupiter, et même sur les anneaux de Saturne.

Comment déterminer la provenance d'une météorite ? L'âge de la roche est un premier critère : les astéroïdes ont un âge

Melencolia I **d'Albrecht Dürer, gravure sur cuivre de 1514**

d'au moins 4,4 milliards d'années, le volcanisme de la Lune est éteint depuis 3 milliards d'années, tandis que Mars était une planète encore active il y a quelques dizaines de millions d'années seulement. Une méthode complémentaire est de comparer la minéralogie et la composition chimique d'une météorite avec celle des éventuels corps parents. Cela est directement possible pour la Lune, dont on possède de nombreux échantillons de roche prélevés lors des missions Apollo, mais aussi pour Mars, dont les roches sont connues grâce aux sondes de la NASA. Enfin, pour les astéroïdes, on compare la composition chimique obtenue par l'analyse spectroscopique de la lumière qu'ils renvoient avec celle des météorites susceptibles d'en dériver.

63 Qu'est-ce qu'un astéroïde ?

Un astéroïde est un petit corps de forme irrégulière gravitant autour du Soleil, dont la dimension varie de quelques mètres à plusieurs kilomètres. La majeure partie se localise dans la « ceinture d'astéroïdes » située entre Mars et Jupiter. D'autres, nommés « troyens », partagent l'orbite d'une planète. La majorité des troyens gravitent autour du Soleil dans l'orbite du corps le plus massif du système solaire, Jupiter. Les astéroïdes correspondent à des reliques de matière condensée qui n'a pas évolué en planète, datant des premiers temps du système solaire. Les petits astéroïdes présentent une faible cohésion. Ce sont des agrégats de blocs rocheux et de poussière, contenant des espaces vides. La gravité sur ces objets étant très faible, une théorie récente fait intervenir des interactions de Van der Waals pour maintenir la cohésion des particules, celles-là même qui assurent les liaisons moléculaires dans les cristaux organiques (*voir Clé 11*).

Vue mosaïque de l'astéroïde Vesta, à partir d'images acquises par la sonde spatiale Dawn de la NASA en 2011 et 2012

L'un des plus grands astéroïdes de la ceinture du même nom est Vesta (530 kilomètres de diamètre). On y trouve un corps plus gros, Cérès (950 kilomètres de diamètre), mais étant donné sa taille, sa forme sphérique et surtout le fait qu'il est en équilibre hydrostatique, Cérès est généralement qualifié de planète naine. Vesta est intéressant à plus d'un titre. D'abord, il s'agit d'un astéroïde exceptionnellement brillant, le seul à pouvoir être observé à l'œil nu dans des conditions favorables. Ensuite, Vesta est un corps différencié avec un noyau métallique, un manteau riche en olivine, comme le manteau terrestre, et une croûte basaltique. Enfin, du fait qu'il a été percuté par un autre astéroïde il y a plus d'un milliard d'années, c'est un gros pourvoyeur d'achondrites : environ 5 % des météorites terrestres proviendraient de Vesta. Le témoin de la collision est un énorme cratère centré près du pôle Sud de l'astéroïde.

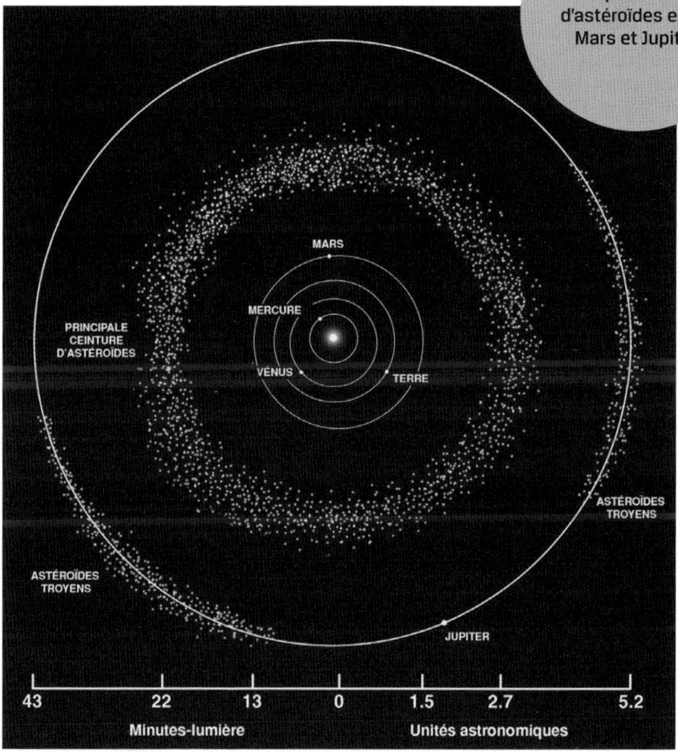

Principale ceinture d'astéroïdes entre Mars et Jupiter

64 Pourquoi les comètes sont-elles potentiellement plus dangereuses que les astéroïdes ?

Image composite de la comète Wild 2 acquise par la sonde *Stardust* en janvier 2004

Cette image (aux couleurs artificielles) montre une surface active, émettant des poussières et des jets de gaz dans l'espace

Les comètes sont constituées de poussière et de glace, laquelle se sublime par échauffement en passant près du Soleil. Le gaz émis dans l'espace emporte avec lui des poussières pour former une chevelure et une queue longue de plusieurs dizaines de millions de kilomètres. Les comètes dites périodiques ont une orbite très elliptique autour du Soleil, qui peut les porter bien au-delà de Pluton. Quant aux astéroïdes, la majorité tourne tranquillement dans le plan de l'écliptique entre Mars et Jupiter. Certains ont pourtant une orbite atypique et plus ou moins chaotique qui peut les amener à croiser celle de la Terre. De récentes observations ont mis en évidence des astéroïdes ayant une activité cométaire, ce qui rend moins tranchée la limite entre ces deux types de corps.

Les objets extraterrestres de taille significative croisant l'orbite terrestre à un moment de leur errance – et susceptibles d'entrer en collision avec notre planète – sont qualifiés de *géocroiseurs*. Bien qu'ils soient faiblement lumineux, donc difficiles à détecter, les astéroïdes ne sont pas les objets les plus dangereux. La plupart ont une

La comète de Halley, responsable d'une famine au VIe siècle ?

An 530. Une étoile en forme de balai est signalée en Chine au mois d'août. C'est la **comète de Halley**, dont la période est de 76 ans. Quelques années plus tard (536-537), la Terre subit un net refroidissement, probablement de l'ordre de 3 °C, qui entraîne sécheresses et famines généralisées. L'effroyable « Peste de Justinien », dans les années 541-542, clôt cette terrible décennie. Existe-t-il un lien entre ces événements ? C'est ce que semblerait indiquer l'analyse de carottes de glace ancienne, récemment prélevées au Groenland. Les échantillons de glace ont enregistré, entre 533 et 540, un important afflux de poussière dans l'atmosphère, présentant des caractéristiques cométaires. Il est donc possible qu'un fragment de la comète de Halley soit entré en collision avec la Terre ou ait explosé en altitude. La libération de poussière aurait assombri l'atmosphère et provoqué le refroidissement généralisé (Communication Dallas Abbott, Columbia University, meeting of the American Geophysical Union, 9-13 décembre 2013).

Scène 32 de la tapisserie de Bayeux, où l'on voit des spectateurs montrer du doigt la comète de Halley, vue en avril 1066. L'inscription latine signifie : « Ils regardent l'étoile »

orbite faiblement inclinée par rapport au plan de l'écliptique. On sait quels secteurs du ciel surveiller, ce qui permet de prendre éventuellement des mesures longtemps à l'avance pour tenter de détruire ou de dévier l'objet. Les comètes, en revanche, viennent de beaucoup plus loin et peuvent nous surprendre en surgissant de n'importe quelle direction. Et loin du Soleil, elles n'ont pas cette queue brillante qui les rend si caractéristiques.

On se souvient des images de la comète Shoemaker-Levy 9 qui est entrée en collision avec Jupiter en juillet 1994. C'était la première observation directe d'une rencontre entre objets extraterrestres. Il y a eu une vingtaine d'impacts entre la planète et les fragments de la comète, dont le plus important a donné naissance à une tache sombre d'environ 12 000 kilomètres de large (presque le diamètre de la Terre) et un jet de matière haut de plusieurs milliers de kilomètres. Dantesque !

65 Que s'est-il passé en Sibérie le 30 juin 1908 ?

« 20 000 hectares de végétation réduits en cendres, des arbres abattus sur 2 150 kilomètres carrés, alignés sur le sol comme des allumettes. Le bruit de la déflagration se fit entendre à 800 kilomètres de là. Encore plus loin, à l'observatoire d'Irkoutsk, des perturbations du champ magnétique terrestre furent enregistrées. Le sismographe de Saint-Pétersbourg nota une sorte de tremblement de terre. Pendant deux jours, l'atmosphère en Russie et jusque dans l'ouest de l'Europe fut remplie d'une fine poussière qui diffusait assez de lumière pour que l'on puisse lire le journal dans la rue en pleine nuit… » (P. Barthélémy, *Le Monde*, 1998, à l'occasion du 90e anniversaire de l'événement.)

Ce qui s'est passé en Sibérie centrale dans la région de la Toungouska, le 30 juin 1908 vers 7 heures du matin, est l'un des grands mystères de la science moderne. L'endroit étant une taïga désertique, il n'y a pas eu de témoins directs de l'événement. L'expédition russe de 1927, dirigée par Leonid Kulik, a simplement découvert des millions de pins, toujours à terre 19 ans après la catastrophe. L'explosion serait due à la chute d'une météorite ? Pourtant, aucun cratère d'impact n'a été identifié et les scientifiques de l'époque n'ont récolté ni impactites, ni fragments rocheux extraterrestres. Une collision avec une comète ? Étant principalement composé de glace, un tel objet ne devrait pas laisser de traces… Oui, mais alors comment le démontrer ? Des études récentes apportent quelques éléments de réponses. Ainsi, des échantillons de roches partiellement fondus trouvés dans une rivière de la région porteraient des marques typiques d'un passage dans

Deux vues de la forêt sibérienne dévastée à la suite de la catastrophe du 30 juin 1908 dans la région de Toungouska. Expédition Leonid Kulik (1927-1929)

l'atmosphère. Il pourrait s'agir de fragments d'un corps céleste qui aurait explosé dans l'atmosphère, à une altitude comprise entre 5 et 10 kilomètres. Une autre étude menée ces dernières années par une équipe ukrainienne fait état de la découverte, dans de la tourbe datée du début du XXe siècle, de fragments rocheux microscopiques contenant des inclusions de composition météoritique. Notons enfin que d'autres théories plus fumeuses ont été avancées, comme celle d'un crash d'OVNI – mais où sont passés les débris ? – ou l'explosion en altitude d'un astéroïde de matière noire…

66 Que s'est-il passé à Tcheliabinsk en Oural le matin du 15 février 2013 ?

Tcheliabinsk, 1 156 201 habitants. Les usines et les écoles embauchent, la circulation est déjà dense. Il est 9 h 20 et c'est l'aube. Tout à coup, un second soleil surgit dans le ciel. Une succession de bangs supersoniques fait voler en éclat des milliers de vitres. Un mur s'écroule et un toit d'usine s'effondre. Les habitants s'affolent, certains sont blessés par des fragments de verre. Leur ciel se raye d'une longue traînée lumineuse.

Que s'est-il donc passé ?

En cette matinée du 15 février 2013, un bolide vient d'exploser au-dessus de cette cité populeuse située à l'est des monts Oural, en Russie. Il s'agit d'une météorite d'une quinzaine de mètres de diamètre et d'une masse comprise entre 7 000 et 10 000 tonnes. Elle est entrée dans l'atmosphère à une vitesse de l'ordre de 20 kilomètres par seconde, puis s'est désintégrée à une altitude d'environ 30 kilomètres, en libérant une énergie estimée à 30 fois la puissance de la bombe d'Hiroshima. Les dégâts ont été causés par les ondes de choc créées par trois explosions successives, la première étant de loin la plus importante. C'est celle-ci qui a été à l'origine du flash lumineux. La traînée – largement photographiée – serait due à l'ionisation des gaz atmosphériques d'altitude sur le trajet de l'objet. Environ les trois quarts de la météorite se seraient sublimés au moment des déflagrations, le reste s'étant pour l'essentiel réduit en poussière. Seulement 0,05 % des matériaux auraient atteint le sol sous forme de fragments visibles. Les nombreux morceaux de roche récoltés ont permis de classer la météorite au sein de la grande famille des chondrites.

67 Existe-t-il sur Terre des espèces minérales spécifiquement extraterrestres ?

Mais oui, il existe des variétés minérales incontestablement extraterrestres. S'agit-il de vrais cristaux ? Ça, c'est une autre affaire…

L'oldhamite est un sulfure de calcium typique de certaines chondrites. Formée par condensation dans la nébuleuse primitive, il y a 4,57 milliards d'années, c'est un témoin de la naissance du système solaire.

Plus surprenant encore, il existe dans la matrice de certaines chondrites de microscopiques « grains présolaires » contenant des minéraux antérieurs à la formation du Soleil ! Ces granules sont composés de diamant, de silicates, d'oxydes ou de cristaux qui n'existent pas en conditions naturelles sur Terre, comme le nitrure de silicium. Certains de ces minéraux auraient été produits dans les couches externes d'une étoile géante rouge, d'autres trouveraient leur origine dans l'explosion d'une supernova.

Les météorites ont-elles pu apporter la vie sur Terre ?

Plutôt que la vie à proprement parler, les météorites auraient apporté sur notre planète les briques élémentaires essentielles à la constitution des êtres vivants. Cette théorie a pris forme lorsque l'on a identifié, dans une chondrite carbonée tombée en 1969 près du village australien de Murchison, de nombreux acides aminés différents, dont 6 entrant dans la constitution des protéines. On a montré également la présence de bases azotées extraterrestres, c'est-à-dire rien moins que l'équivalent des porteurs de l'information génétique dans les chaînes d'adn ! Ces découvertes sont à l'origine de l'hypothèse selon laquelle les composés organiques fondamentaux de la vie auraient une origine extraterrestre. Une théorie d'autant plus plausible qu'au début de son histoire, la Terre a subi un fort bombardement météoritique…

En 2009, puis en 2012, paraissent deux articles mentionnant le premier *quasicristal* naturel – ou icosahedrite – jamais décrit et établissant son origine extraterrestre. Le minéralogiste Luca Bindi et le physicien Paul Steinhardt l'ont découvert dans une météorite chondritique des monts Koryak en Russie, au terme d'une aventure digne des meilleurs romans d'espionnage.

Mais qu'es aquò, quasicristaux ? Ces minéraux particuliers ont été synthétisés pour la première fois en 1982 par le scientifique israélien Daniel Shechtman, ce qui lui a valu le prix Nobel. Il s'agit d'alliages à structure ordonnée, comme celle des cristaux classiques, mais non périodique : la position des atomes ou des ions ne se répète pas dans l'espace du matériau. L'icosahedrite de la météorite des monts Koryak est le seul quasicristal naturel connu. C'est un alliage d'aluminium, de cuivre et de fer. Son nom vient du fait qu'il possède une symétrie icosaédrique. Son mode de formation est encore mal compris.

Image en électrons rétrodiffusés d'une lame mince de météorite collectée dans les monts Koryak en Russie

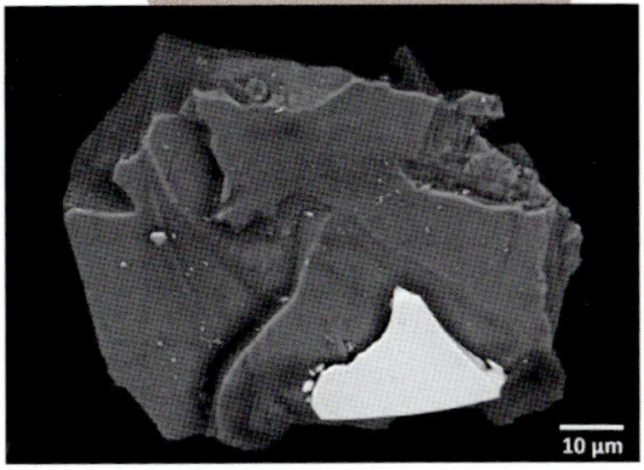

Quasicristal icosahedrite (en blanc) en contact avec une olivine (en gris)

68 Dans le système solaire, les volcans produisent-ils partout les mêmes types de laves ?

Si la production de laves silicatées est – ou a été – un processus géologique majeur au sein des astéroïdes différenciés, des planètes et de leurs satellites, ce n'est pas le seul type de volcanisme.
D'abord, il convient de noter que le volcanisme est inactif depuis bien longtemps sur la plupart des corps solides du système solaire.

Image acquise durant la neuvième rotation de la sonde *Galileo* de la NASA autour de Jupiter, le 28 juin 1997

La sonde montre deux panaches volcaniques sur Io : le premier, à gauche, a une hauteur de 140 km ; le second, à droite (près de la limite jour/nuit), produit une ombre sur la surface du satellite

Il est éteint depuis plus de 4,4 milliards d'années sur les astéroïdes différenciés, depuis 3 milliards d'années sur la Lune et sur Mercure et depuis environ 100 millions d'années sur Mars. En dehors de la Terre, les seuls corps où une activité volcanique actuelle est avérée sont : Vénus, Io – un satellite de Jupiter –, Titan et Encelade, deux lunes de Saturne, Triton, un satellite de Neptune. Il existe aussi des indices indirects de volcanisme de glace récent ou actif sur Europe et Ganymède (Jupiter) et Miranda (Uranus).

Le volcanisme de Vénus est comparable à celui de la Terre : il est dû à la radioactivité interne de la planète et produit des laves silicatées. La quantité de « carburant » radioactif disponible pour chauffer une planète tellurique est fonction du volume, tandis que la facilité d'évacuation de la chaleur dépend de sa surface. Ainsi, plus une planète est grosse, plus son rapport volume/surface est grand et plus longtemps produit-elle de la chaleur, ce qui lui permet de demeurer géologiquement active sur une plus longue période. C'est bien parce que la Terre (rayon R = 6 376 kilomètres) et Vénus (R = 6 050 kilomètres) sont des globes plus imposants que la Lune (R = 1 738 kilomètres), Mercure (R = 2 439 kilomètres) et Mars (R = 3 400 kilomètres) que les deux premiers produisent encore des laves, tandis que les trois autres sont morts. Mais dans ce cas, pourquoi Io présente-t-il un volcanisme actif alors que son rayon (R = 1 816 kilomètres) dépasse à peine celui de la Lune ? La cause est externe. La proximité de Jupiter, dont la masse est 300 fois celle de la Terre, induit des effets de marées qui déforment le satellite à chaque rotation – le diamètre de Io fluctue d'une centaine de mètres à chaque période de 21 h 30 –, entraînant une production de chaleur et donc de magma.

Très loin, dans les froids confins du système solaire, il existe un étrange volcanisme de glace ou *cryovolcanisme*. Il affecte certains des grands satellites gravitant autour des monstres gazeux que sont Jupiter, Saturne (Titan et Encelade), Uranus et Neptune (Triton). La cause de cette activité est la même que celle à l'origine de la production de magma silicaté et soufré sur Io : les marées dues à la gravité affolante de leur planète. Ce phénomène induit la déformation et le réchauffement de la partie profonde de la couche de glace constituant l'écorce de ces satellites. Le liquide formé remonte et donne naissance à des panaches de vapeur pouvant s'élever à une hauteur de plusieurs centaines de kilomètres.

69 Existe-t-il des roches sédimentaires sur Mars et sur Vénus ?

La question est d'importance, car la présence sur une planète de roches sédimentaires – quand elles sont associées à des structures érosives en forme de lits de rivière – implique que du liquide s'est écoulé sur la surface à un moment de son histoire. Commençons par Mars. Là, le cas est simple. Si les conditions régnant actuellement à la surface de la planète – la température moyenne est de -63 °C – ne permettent pas l'existence d'eau libre, il est avéré que non seulement des roches sédimentaires existent, mais que certaines d'entre elles se sont formées en présence d'eau de surface. En effet, les données radar de la sonde Mars Express de l'Agence spatiale européenne (ESA) ont permis d'identifier en 2005 des minéraux hydratés : des sulfates et des argiles. Dans son histoire ancienne, de l'eau a donc circulé sur la surface de Mars, pour former des vallées et des successions sédimentaires à minéraux hydratés. Les dernières découvertes suggèrent même l'existence d'un énorme delta fossile qui se jetait dans un ancien océan. Reste à présent à découvrir dans ces roches des traces de vie disparue…

Roches sédimentaires martiennes du cap Saint-Vincent (la falaise a une hauteur de 12 m). Photographie prise sur Mars en mai 2007 par le robot *Opportunity* (NASA). Couleurs artificielles

Vénus est un enfer bruyant ! Son atmosphère est la plus épaisse de toutes les planètes telluriques, avec une pression au sol plus de 90 fois celle de la Terre. Elle est composée à 96 % de dioxyde de carbone. Il pleut de l'acide sulfurique en haute altitude. La sonde *Pioneer* de la NASA a même détecté un grondement permanent, dû à la densité de l'atmosphère qui accentue la propagation des sons. Enfin, il règne sur cette planète une température moyenne de 462 °C, à cause de l'effet de serre atmosphérique. Dans ces conditions, l'existence d'eau libre en surface, capable de transporter des sédiments, est évidemment inenvisageable. Le vent, en revanche, peut jouer le rôle de « camionneur sédimentaire » : des accumulations sableuses ont été observées et interprétées en tant que dépôts éoliens. Il est possible que les conditions de surface sur Vénus aient été plus proches de celles de la Terre il y a plusieurs milliards d'années. De longs canaux détectés sur les plaines vénusiennes auraient, selon certains auteurs, été formés par des écoulements hydriques.

70 Une planète de diamant ? C'est une blague ?

En octobre 2012, les quotidiens du monde entier saluent dans leur page scientifique une excitante découverte : « Une superterre en diamant ! », « Un diamant plus gros que la Terre ! », peut-on lire. Un an plus tard, le soufflé retombe, comme en témoignent les titres d'octobre 2013 dans les pages de ces mêmes quotidiens : « La planète de diamant pas si précieuse ? » ou « La superterre en diamant perd de sa valeur ! ». Que s'est-il passé entre-temps ? Le cours du diamant intergalactique se serait-il effondré en quelques mois ?

L'exoplanète rocheuse 55 *Cancri e* a été découverte en 2011 dans la constellation du Cancer à partir de l'étude de son transit devant l'étoile hôte. Située à 40 années-lumière de la Terre, elle est la plus petite des cinq planètes constituant le système stellaire de l'étoile 55 *Cancri*. Son rayon est deux fois celui de la Terre et elle possède une masse huit fois plus importante. Le globe rocheux orbite autour de son étoile à une vitesse extrêmement rapide, puisque son année ne dure que 18 heures ! Les températures de surface excèdent 2 100 °C. L'ensemble de ces données, couplées au fait que l'étoile hôte contiendrait plus de carbone que d'oxygène – au contraire du Soleil, au sein duquel l'oxygène est deux fois plus abondant que le carbone – a permis à une équipe franco-américaine de proposer un modèle de structure interne de 55 *Cancri e* plutôt bluffant. En partant du principe qu'il existe une relation entre la composition d'une planète et celle de son étoile, les scientifiques ont conclu qu'un tiers de la masse de la planète – soit l'équivalent de trois masses terrestres – correspondrait à du carbone de haute pression, autrement dit à du diamant. La croûte serait formée de graphite, qui est un polymorphe de basse pression du carbone. Un manteau de silicates et/ou de carbure de silicium séparerait la couche de diamant du noyau de fer. Avec une telle structure exotique, pas question d'envisager une tectonique des plaques et un volcanisme équivalents à ce que l'on rencontre sur Terre !

Une équipe américaine de l'université d'Arizona, dirigée par Johanna Teske, vient de remettre partiellement en cause ce modèle. D'après elle, les précédents travaux auraient mal évalué la teneur en oxygène de l'étoile 55 *Cancri*. Il y aurait en fait 25 % d'oxygène de plus que de carbone dans l'astre. En outre, ces scientifiques n'excluent pas que la composition de la planète puisse ne pas être directement en relation avec celle de l'étoile. En fonction de l'endroit où le globe est apparu dans le disque protoplanétaire, il pourrait ne pas s'être formé à partir des mêmes matériaux que l'étoile et leurs rapports oxygène/carbone pourraient différer significativement. Alors, diamant ou pas diamant dans 55 *Cancri e* ? C'est possible, mais sans doute pas autant qu'annoncé en 2012 à grand renfort de manchettes...

Coupe hypothétique de la planète *55 Cancri e*

Dans le modèle publié en 2012 par Nikku Madhusudhan, Kanani Lee (université de Yale, États-Unis) et Olivier Mousis (IRAP/CNRS/université de Toulouse), une enveloppe de graphite recouvre une épaisse couche de diamant qui lui-même entoure un manteau de silicates et/ou de carbure de silicium, avec un noyau liquide de fer

Timbre des Tonga (1993) représentant un diamant brut octaédrique, un diamant taillé et le volcanisme kimberlitique à l'origine de ce minéral

Mon précieux... !

Le Seigneur des anneaux
J.R.R. Tolkien, 1954-1955

71 Quand il y a de la gemme, quel plaisir ? Pierres fines ou pierres précieuses ?

Pierres précieuses, gemmes et pierres fines sont des termes qui peuvent s'utiliser indifféremment depuis 2002, date à laquelle ces distinctions ont été officiellement abrogées. De même, le terme « semi-précieux » ne doit plus être employé. Une gemme (du latin *gemma*, « bourgeon ») est une pierre dure, généralement colorée et attrayante au regard, pouvant être utilisée comme ornement après taille. Jusqu'à 2002, l'appellation « pierre précieuse » était réservée aux quatre gemmes principales : diamant, rubis, saphir et émeraude. Étaient considérées comme « pierres fines » ou « semi-précieuses », les autres gemmes : péridot (olivine), escarboucle (grenat), topaze, améthyste (quartz violet), lapis-lazuli (lazurite), agate, opale, etc. Les quatre pierres réputées précieuses entraient dans la catégorie des pierres fines lorsque leur qualité était moyenne. L'unité de masse en joaillerie est le carat, qui représente un cinquième de gramme. À ne pas confondre avec le carat des bijoutiers, qui correspond à 1/24e de métal précieux dans un alliage : par exemple, de l'or à 18 carats signifie qu'il y a 18 grammes d'or pur dans une masse de 24 grammes d'alliage.

L'Améthyste
Rémy Belleau,
1576

« Ce disant arracha de la feuille pamprée
Qui couronnait le front de sa tête sacrée
Le raisin pourprissant, et dans sa blanche main
L'épreignant et froissant, en pressura le grain :
Dont la sainte liqueur écoula rougissante
Sur l'Améthyste encor de frayeur pâlissante »

Depuis l'Antiquité, on accorde aux gemmes des pouvoirs magiques ou curatifs et on leur attribue parfois une origine fabuleuse. À titre d'exemple, l'améthyste, dont le nom signifie « non ivre » en grec, était réputée préserver de l'ivresse. À l'origine de cette pierre, il y aurait pourtant Bacchus, le dieu vigneron, qui aurait versé du jus de raisin – ou du vin, dans certaines versions – sur son amoureuse transformée par Artémis en cristal transparent. C'est depuis ce geste de Bacchus que les améthystes sont généralement plus colorées à leur sommet qu'à leur base…

Cristaux d'améthyste

72 Comment se forment les diamants et comment les travaille-t-on ?

Le diamant est LA pierre précieuse par excellence. Il se forme dans des conditions de très haute pression, dans le manteau terrestre (entre 4,5 et 6 gigapascals, soit à une profondeur supérieure à 150 kilomètres). C'est du carbone pur qui cristallise dans le système réticulaire cubique. Le diamant est le matériau terrestre le plus dur (valeur de 10 sur l'échelle de Mohs). Les cristaux sont remontés à la surface du globe par l'intermédiaire d'un volcanisme particulier, qui donne naissance à des roches explosives très riches en magnésium, en potassium, en eau et en gaz carbonique, les kimberlites. Ces produits volcaniques font leur ascension à une vitesse extrêmement élevée, pouvant aller jusqu'à celle du son, ce qui entraîne une décompression et un refroidissement rapides. Les kimberlites ne se rencontrent que dans les zones continentales les plus anciennes, les cratons, où la croûte a un âge archéen (plus de 2,5 milliards d'années).

Ce qui donne son brillant au diamant est un haut indice de réfraction. Le degré de dispersion de la lumière dépend de la taille de la pierre et de sa pureté. Le moindre défaut lui fait perdre l'essentiel de sa valeur. Du fait de son extrême dureté, le diamant ne peut être usiné que par un autre diamant. Avant la taille, la pierre brute est réduite à la dimension désirée par des coups secs que l'on donne sur une lame d'acier placée au niveau des zones de fragilité cristalline – ou plans de clivage. La plupart des diamants sont incolores, mais il en existe des roses, des verts, des bleus et des bruns.

Le Diamant
Rémy Belleau, 1576

« Un diamant, que le marteau
Sur l'enclume ne saurait rompre,
Ni l'acier ni le feu corrompre
Ni consommer dans le fourneau.
Ô pierre vraiment indomptable,
D'une dureté non violable... »

Un atelier de diamantaire au XVIIIe siècle

L'ouvrier de gauche frotte deux diamants l'un contre l'autre ; celui du centre répand sur la meule de la poudre de diamant trempée dans de l'huile ; celui de droite pousse et tire alternativement un bras pour faire tourner la roue qui permet de mettre la meule en mouvement

L'invasion du diamant brésilien en Europe au XVIIIe siècle

« Funestes diamants ! criai-je tout haut, vous deviez faire aux hommes tout le mal possible ; parce que vous avez causé dans l'origine tous les maux possibles à l'humanité. Hélas ! Au Brésil, pour conserver aux rois le monopole des diamants, cinquante lieues carrées sont désertes, et l'on pend au premier arbre quiconque est trouvé dans les environs, s'il ne prouve qu'il y avait affaire. Lapidaires ! Diamantaires ! Je vous dévoue à l'anathème. Que vous et vos marchandises disparaissent de dessus la Terre ! » Cette citation est extraite de *L'Homme de fer* (1786) de Louis-Sébastien Mercier (1740-1814), l'auteur du fameux roman d'anticipation *L'An 2440, rêve s'il en fut jamais*. Elle témoigne de l'effervescence résultant de la découverte des gisements de diamants brésiliens en 1725. Avant cette date, les seules exploitations se trouvaient en Inde et en Indonésie. Débute alors une folle ruée sur le diamant, qui fait chuter les prix. Dans les milieux aristocratiques, cette pierre est désormais cousue à même les vêtements. Il faudra attendre la seconde moitié du XIXe siècle et la découverte des gisements d'Afrique du Sud pour connaître un second afflux mondial de grande ampleur.

73 L'un est rouge de confusion quand son frère n'y voit que du bleu : qui sont-ils ?

Ce sont les formes nobles du corindon, un oxyde d'aluminium du système rhomboédrique, caractéristique de certaines roches magmatiques et métamorphiques. Le corindon est le deuxième minéral le plus dur après le diamant (valeur de 9 sur l'échelle de Mohs). Les deux frères en question se nomment, vous l'avez deviné, rubis et saphir.

Cristaux de rubis et de calcite

La couleur rouge sang du rubis est due à la présence de chrome, parfois additionné de fer quand la teinte tire sur le brun. Ce minéral provient essentiellement de gisements de marbres ou des roches sédimentaires qui en dérivent. Les plus beaux rubis, arborant une couleur « sang de pigeon », proviennent de la vallée de Mogok au Myanmar. Joseph Kessel en a fait le sujet de son roman *La vallée des rubis* (1955). Mais ce gisement s'épuise. Il est relayé par des sites thaïlandais, cambodgiens et Sri Lankais. Le rubis est, après le diamant, la pierre précieuse qui peut atteindre les valeurs les plus élevées.

Le Rubis
Rémy Belleau, 1576

« Le rubis tant il est céleste,
Chasse les frayeurs de la Nuit,
Repousse et détourne la peste
Et l'air infecté qui nous nuit... »

Le saphir est un corindon dont le nom proviendrait de l'hébreu *sappir* « la plus belle chose ». Les pierres de couleur bleue sont les plus connues, mais il existe des saphirs jaunes, violets, verts ou roses, ces derniers étant les plus rares et les plus recherchés. La couleur du saphir est également due à la présence d'impuretés dans la structure cristalline : titane et fer pour le bleu, fer pour le jaune et le vert, vanadium pour le violet, chrome pour le rose. La teinte naturelle du saphir peut être rehaussée par chauffage. La plupart des saphirs proviennent de gisements sédimentaires, issus de l'érosion de roches magmatiques ou de calcaires métamorphiques (marbres). Les gisements actuels les plus importants se trouvent au Sri Lanka, en Australie, au Myanmar (Birmanie), en Thaïlande et à Madagascar.

Le Saphir
Rémy Belleau, 1576

« Pierre la plus précieuse
Qui se trouve dans le sein
De la Terre plantureuse,
Pierre qui du Ciel serein
Emprunte la couleur belle... »

Cristaux de saphir et de calcite (Pakistan)

74 Dans la famille béryl, vous avez dit gemmes ?

Rémy Belleau (1528-1577). Portrait inséré dans l'édition de ses œuvres de 1604

Illustre famille que celle des béryls ! Il s'agit d'un groupe de silicates d'aluminium et de béryllium qui compte dans ses rangs une pierre précieuse, l'émeraude, dont la couleur verte est due à des traces de chrome, et pas moins de cinq autres variétés utilisées en joaillerie : l'aigue-marine bleue et l'héliodore vert-jaune, contenant du fer, la morganite rose et le béryl rouge, tous deux à traces de manganèse, et la goshénite incolore. Le béryl est un minéral typique des pegmatites, des roches à grands cristaux qui se mettent en place dans des fractures en périphérie des massifs granitiques. Les principaux gisements de béryl ordinaire se trouvent aux États-Unis. En France, des cristaux géants ont été découverts dans l'île de Batz (29).

Le terme émeraude, dont le nom viendrait d'un mot persan signifiant « cœur de pierre », a souvent qualifié des cristaux autres que le béryl. En effet, la plupart des « émeraudes » de l'Antiquité – dont celles, célèbres, de Cléopâtre – se sont avérées n'être que de belles olivines (ou péridots, en termes de joaillerie). La genèse des émeraudes résulte de processus géologiques d'une extrême complexité, qui font intervenir des

Les Amours et nouveaux échanges des Pierres précieuses
Rémy Belleau
(1576-1578)

Rémy Belleau (1528-1577) – dont des extraits de l'œuvre, comme autant d'étoiles, constellent les Clés de ce chapitre – est l'un des membres de la fameuse Pléiade, un groupe de poètes constitué au XVIe siècle autour de Pierre de Ronsard et de Joachim Du Bellay. Le « gentil Belleau », comme on le surnomme, est le plus pudique de la bande, l'ami de tous, élégant versificateur et orfèvre des mots. En 1576, paraissent *Les Amours et nouveaux échanges des Pierres précieuses – Vertus et propriétés d'icelles*, une épopée minérale qui dit l'histoire des pierres, leurs caractéristiques et leur symbolique. Cette œuvre sera complétée en 1578 par dix poèmes inédits. À la mort de Belleau, Ronsard a composé l'épitaphe suivante : « *Ne taillez, mains industrieuses, / Des pierres pour couvrir Belleau, / Lui-même a bâti son tombeau / Dedans ses Pierres précieuses.* »

fluides minéralisés de haute température. La Colombie est actuellement le plus grand producteur mondial d'émeraudes. La célèbre mine de Muzo, toujours en activité, est exploitée depuis au moins 1594, et probablement, par les Indiens, depuis plusieurs siècles avant l'arrivée des Espagnols. La plus grande émeraude taillée du monde, d'un poids de 57 500 carats (11,5 kilogrammes), a été mise en vente en janvier 2012, mais n'a pas trouvé preneur. Un problème d'étagère ?

Le Béryl
Rémy Belleau, 1576

« Le béryl que je chante, est une pierre fine
Imitant le vert gai des eaux de la marine... »

Cristaux d'émeraude. Mine de Muzo, Colombie

75 Quelles sont les gemmes organiques ?

Comme leur nom l'indique, il s'agit de pierres ornementales d'origine animale ou végétale, mais dont la composition n'est pas obligatoirement carbonée, contrairement à la matière du même nom. Les principales gemmes organiques sont l'ambre, l'ivoire, le corail, le jais et la perle. L'ambre jaune – à ne confondre ni avec l'ambre gris, une concrétion intestinale du cachalot, ni avec l'ambre noir, autre nom du jais (voir ci-dessous) – est une résine fossile qui a été sécrétée par d'anciens conifères. L'ambre

La Perle
Rémy Belleau, 1576

Quant aux perles nacrées, ce sont des :
« Larmes que les Conques perleuses
Du fruit de leur mère amoureuses,
Mirent au fond de leur berceau :
Puis rondes les emmaillotèrent
Et nourrices les allaitèrent
Du fécond germe de cette eau... »

contient parfois des inclusions de petits organismes ou des fragments de vertébrés ou de plantes. Il est même possible d'admirer, dans un musée lituanien, un lézard entier piégé dans une pierre d'ambre. L'ambre jaune le plus célèbre est celui des côtes de la Baltique. D'âge tertiaire, il est exploité depuis au moins un millier d'années.

L'ivoire est le constituant des défenses des grands mammifères. Bien que le terme s'applique essentiellement à l'éléphant – dont les défenses sont dépourvues d'émail – il peut aussi concerner les dents de l'hippopotame, du morse, du narval et du mammouth.

Le corail est-il une plante fossilisée, comme on l'a longtemps cru ? C'est peu vraisemblable. Il s'agit plutôt d'un animal colonial du groupe des cnidaires, dont les squelettes forment les récifs construits des atolls.

Le Corail
Rémy Belleau, 1576

« Qui croirait qu'une herbe puante
Dessous l'écume blanchissante,
Ensevelie au fond de l'eau
Sentant l'air, devint pierre dure
Empruntant la riche teinture
Des rais du céleste flambeau ?... »

Le jais fait partie de la grande famille des charbons (*voir Clé* 86). Il s'agit d'une variété de lignite, noire et brillante. Le jais est aussi connu sous l'appellation « Gagate » (à ne pas confondre avec l'agate), un nom forgé à partir de celui de la rivière Gagas en Asie mineure, dont les eaux transportaient du lignite noir.

Coquille fossile en ammolite de l'ammonite *Placenticeras meeki*, montrant des traces de dents, probablement dues à une morsure de mosasaure. Sud de l'Alberta (Canada). Crétacé supérieur

L'ammolite est une gemme irisée que l'on ne trouve qu'en Amérique du Nord, à l'est des montagnes Rocheuses. Elle se présente sous la forme d'une mince couche de moins d'un millimètre d'épaisseur. L'ammolite résulte de la fossilisation de la coquille de *Placenticeras*, une ammonite du Crétacé supérieur. L'aragonite de la coquille est partiellement préservée au cours du processus de fossilisation, qui fait suite à un enfouissement sous des cendres volcaniques en environnement marin. La conservation de ce carbonate de calcium, principal constituant de la nacre, est un phénomène exceptionnel. En général, l'aragonite se transforme au bout de quelques millions d'années en calcite, un polymorphe plus stable en conditions superficielles.

L'ammolite, gemme officielle de la province canadienne de l'Alberta

76 Les gemmes, jalons de l'histoire ?

Depuis qu'il est sensible à la beauté, l'homme aime les pierres fines ou étranges. Des fossiles ont été découverts dans une grotte de Bourgogne, récoltés par un Néandertalien curieux. Outre leur utilité, les outils polis du Néolithique avaient incontestablement une fonction esthétique. Les premières gemmes utilisées pour l'ornementation et les parures, dans la haute Antiquité, étaient des pierres à la fois communes et pas trop dures, ce qui permettait de les travailler facilement : l'ambre, la turquoise (phosphate hydraté de cuivre et d'aluminium), le corail, le lapis-lazuli (ou lazurite, un feldspathoïde soufré) et la malachite (carbonate de cuivre) en sont de bons exemples. En tant qu'héritiers du savoir des Égyptiens et des Phéniciens, les Grecs sont les premiers grands amateurs de gemmes en Europe. On en trouve des mentions dans les écrits de Démocrite et du grand voyageur Hérodote, ainsi bien sûr que dans le *Peri Lithon* de Théophraste (*voir Clé* 9). Leurs successeurs romains perfectionnent encore l'art de la joaillerie, puis la chute de l'Empire se traduit par un abandon des gisements et une dégradation générale des connaissances en gemmologie, sauf à Constantinople. C'est d'ailleurs en s'inspirant du style byzantin que des joailliers mérovingiens développent l'utilisation de l'escarboucle, seule pierre dont le succès ne se démentira pas en Occident durant tout le Moyen Âge. Ces grenats rouges, d'abord utilisés pour la décoration des fibules, ne sont pas taillés en facettes à cette époque, mais seulement grossièrement polies. L'art de la joaillerie réapparaît en Europe au XIIe siècle par Venise et Florence et retrouve son lustre d'antan à la Renaissance. Un livre illustré témoigne de ce regain au tournant des XVIe et XVIIe siècles : *Gemmarum et lapidum historia* (1609), du minéralogiste flamand Anselme Boèce de Boodt (1550-1626). Cet auteur recense dans son ouvrage plusieurs centaines de minéraux, dont de nombreuses gemmes. Il mêle des observations scientifiques et des descriptions de techniques de taille à des considérations économiques. De Boodt est le premier à proposer une échelle de dureté – de trois degrés – et à noter que certains cristaux sont caractérisés par un petit nombre de formes remarquables. Un ouvrage posthume en français, *Le parfait joaillier*, paraîtra en 1644.

Cristaux de grenat. Jeffery Mine, Québec, Canada

77 Quel façonnage pour quelle pierre ?

Le dégrossissage de la pierre est facilité par l'existence, dans certains cristaux, de plans de fragilité ou clivages. Ils permettent au lapidaire de réduire la gemme en frappant à l'aide d'une massette sur une lame placée à cet endroit. Il existe deux grands types de façonnage : le polissage, pour les pierres fortement colorées, opaques ou translucides, et le facettage, pour les gemmes transparentes, peu ou faiblement colorées. Quant à la glyptique, c'est l'art de la taille en creux (intailles) ou en relief (camées).

Le façonnage en cabochon est une technique très ancienne, connue depuis l'Antiquité. La pierre brute est polie au contact d'un abrasif, jusqu'à obtenir une forme circulaire ou ovale, avec une base plane et une partie supérieure convexe. La méthode la plus utilisée est le polissage au tonneau. Les pierres à polir sont disposées avec de l'eau et de la poudre abrasive – généralement du carbure de silicium (dureté de 9,3 sur l'échelle de Mohs) – dans un tube – ou tonneau – qui tourne sur lui-même pendant plusieurs jours. Puis l'opération est répétée avec une poudre plus fine, pour terminer avec une poudre de polissage (oxyde de cérium ou d'étain).

La taille en facette est une technique complexe, dont le but est de jouer avec la lumière par un ensemble de facettes judicieusement disposé dans l'espace. La pierre à facetter est présentée à un disque tournant enduit de poudre abrasive, dont la nature dépend de la dureté de la gemme à travailler. Le facettage est connu en Asie depuis l'Antiquité. En Europe, les premiers à avoir taillé des diamants, au XIIe siècle, furent les Vénitiens. La technique a été introduite en France au cours du XIVe siècle. La taille moderne dite « brillant », qui convient parfaitement au diamant, a été inventée à Venise à la fin du XVIIe siècle : 57 ou 58 facettes pour une symétrie d'ordre 4 ou multiple de 4. La « taille navette » ou « marquise » est une forme allongée dérivée de la taille brillant. Il existe pour les autres gemmes bien d'autres géométries comme la « taille émeraude » – forme à degrés, table rectangulaire, pans coupés – ou la « taille poire », en forme de goutte d'eau, souvent utilisée pour les corindons et les émeraudes montés en pendentif.

Diamants taillés du XVIIIe siècle (une même pierre par colonne). (*L'Encyclopédie*, 1751-1772)

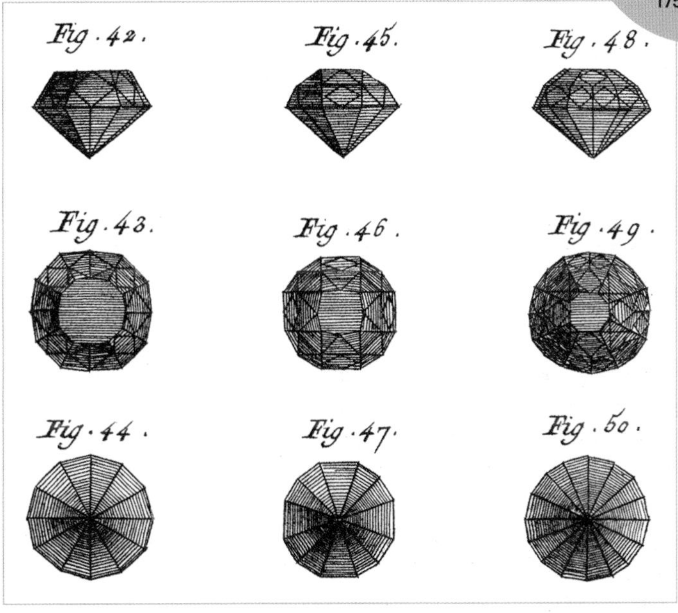

Taille brillant ancienne à couronne ronde et à petite ou moyenne table ; le fait que la culasse soit en pointe est déjà un caractère moderne

78 Inclusions : défauts ou atouts ?

Les inclusions sont des matériaux incorporés dans un cristal. Il peut s'agir de gaz, de gouttelettes de liquide, parfois vitrifié, ou d'autres cristaux. À ne confondre ni avec les impuretés, qui correspondent à des espèces chimiques en trace, susceptibles d'influer sur la couleur d'une gemme (*voir Clé 9*), ni avec les *givres*, qui sont des vides dont l'aspect peut rappeler de paysages, des formes d'ailes d'insecte ou d'empreintes digitales. Les inclusions sont parfois appelées crapauds, les givres discrets des corindons (saphirs et rubis), soies, et ceux plus apparents des émeraudes, jardins.

Les inclusions les plus communes sont les bulles d'air et les gouttes d'eau, qui, quand elles sont régulièrement réparties au sein du réseau cristallin, peuvent rendre le minéral laiteux. Les inclusions vitreuses sont des gouttelettes de magma vitrifié. Elles sont caractéristiques des minéraux des roches plutoniques et volcaniques. Les inclusions cristallines correspondent à de petits minéraux qui peuvent être soit antérieurs au cristal hôte et incorporés au cours de sa croissance, soit formés en même temps. Dans le second cas, les inclusions se présentent généralement sous la forme de très fines aiguilles : par exemple, les « cheveux de Vénus » du quartz, constitués d'aiguilles de rutile (dioxyde de titane).

Inclusions d'aiguilles de rutile dans des cristaux de quartz (Maroc)

La présence d'inclusions peut considérablement influer sur la valeur commerciale d'une gemme. Des inclusions dans un diamant sont considérées comme un défaut majeur et entraînent une forte dépréciation de la pierre, car elles dégradent son éclat. Pour d'autres gemmes, c'est le contraire. Ainsi, la plupart des corindons et toutes les émeraudes contiennent des inclusions. D'autres pierres fines se définissent par elles. C'est le cas par exemple de l'œil-de-tigre, un minéral siliceux dont le remarquable chatoiement est dû à des interférences lumineuses produites par des inclusions de très fines aiguilles d'amiante.

79 Quelle est cette étoile qui glisse sur la pierre ?

L'*astérisme* est un effet lumineux en forme d'étoile à 4, 6 ou 12 branches, apparaissant sur certaines gemmes. Les pierres étoilées les plus connues sont les corindons colorés (saphir et rubis), mais l'astérisme peut également être observé à la surface du quartz, du grenat, du béryl et de certains pyroxènes. Il s'agit d'un phénomène de déviation des rais lumineux dû à la présence d'inclusions minérales en forme d'aiguilles, par exemple de rutile dans le corindon, d'amphibole dans le quartz ou de magnétite dans le pyroxène. Pour que l'effet soit saisissant, les aiguilles doivent être orientées suivant au moins deux directions différentes. Quand les cristaux en inclusion sont tous parallèles, on observe à la surface de la pierre une seule bande lumineuse mobile – disposée perpendiculairement aux inclusions – qui ressemble à la pupille d'un félin. Ce phénomène optique, qui porte le nom « d'œil de chat », est surtout connu pour le chrysobéryl.

Le célèbre saphir en cabochon « Star of India », montrant un astérisme à 6 branches

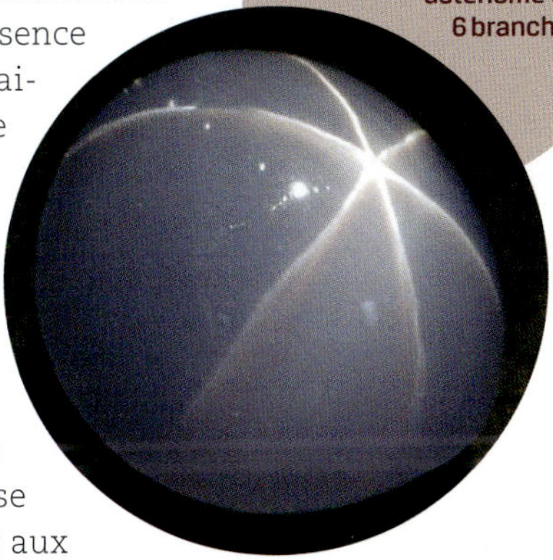

La gemme, dont la taille approche celle d'une balle de golf et pèse 563 carats (113 g), est actuellement exposée à l'American Museum of Natural History de New York – La pierre a été extraite d'une mine du Sri Lanka

L'astérisme n'existe pas sur les cristaux facettés. Une forme en cabochon à forte courbure est idéale pour faire apparaître une belle étoile, à condition que le polissage soit parfait. Pour un effet maximal, une source lumineuse vive doit être focalisée sur la convexité. Un déplacement de la pierre sous le faisceau induit un glissement de l'étoile à la surface. Une gemme étoilée est un exemple typique de pierre dont la valeur commerciale est accrue par la présence d'inclusions.

80 Comment identifier une pierre traitée ou synthétisée ?

Une gemme naturelle ne présente pas toujours les caractéristiques esthétiques souhaitées ou alors elle se négocie à des prix prohibitifs. Pour remédier à ses inconvénients, les pierres peuvent être traitées en vue d'améliorer leur couleur, leur éclat ou leur cohésion. Il est même possible de synthétiser des cristaux entièrement artificiels : environ 80 % des quartz colorés vendus sur Internet (améthyste, citrine, quartz rouge ou bleu, etc.) sont synthétiques. Ces pratiques peuvent poser problème quand l'acheteur n'en est pas averti. Une pierre naturelle aura toujours plus de valeur qu'un produit artificiel de taille équivalente : un rubis translucide naturel de 4 carats vaut 200 fois plus cher que son équivalent synthétique. Or, le faux est parfois vendu au prix du vrai…

Comment distinguer une gemme traitée ou artificielle d'une pierre entièrement naturelle ? D'abord, faire appel à son bon sens : un beau et grand rubis naturel parfaitement coloré et à bas coût, ça n'existe pas ! Ensuite, dans le doute, examiner le cristal à la loupe : une teinte plus marquée au niveau d'une fissure ou plus concentrée vers l'extérieur révèle un traitement local par colorant ; l'absence d'inclusions dans une espèce qui en possède habituellement indique que la pierre est artificielle ; les diamants synthétiques sont généralement de très petite taille. Cela étant posé, ne nous racontons pas d'histoires : il est parfois impossible de faire la distinction entre nature et artifice, même avec des techniques élaborées. Le mieux est peut-être de chercher ses diamants soi-même…

Quelques exemples de gemmes traitées ou synthétisées

L'ambre additionné de résine artificielle.
L'émeraude aux givres remplis d'huile de santal verte.
Le rubis dont les fissures contiennent une substance colorée.
Le saphir chauffé en présence d'un colorant chimique, lequel diffuse à travers une fine couche en surface.
Le saphir étoilé (avec astérisme) produit par le chauffage d'une pierre recouverte de dioxyde de titane, qui diffuse dans le réseau, permettant la formation d'inclusions de rutile synthétique en aiguilles.
L'améthyste entièrement cristallisée en autoclave.
Le diamant synthétisé à haute pression (5,9 gigapascals) et haute température (1400 °C).

Sources d'énergie fossiles et fissiles

Lignite (environ 15 cm de long)

81 Comment évolue la matière organique après enfouissement ?

Les combustibles fossiles – gaz, pétrole et charbons – se forment par chauffage de la matière organique issue de plancton ou de végétaux terrestres, après dépôt et enfouissement. Le processus de maturation, extrêmement lent, s'étend sur plusieurs millions d'années. Les combustibles se présentent en général de manière diffuse dans les roches sédimentaires. Leur concentration sous la forme de gisements directement exploitables répond à des contraintes géologiques très précises.

Les organismes vivants constituent après leur mort la biomasse, dont seule une faible partie (environ 1 %) se trouve piégée dans les sédiments lacustres ou marins. Ce phénomène concerne essentiellement les milieux aquatiques confinés et chauds, où le volume de matière organique produit peut dépasser la capacité de recyclage du milieu. Dès lors, l'excédent organique s'accumule avec le sédiment. Une première transformation bactérienne, superficielle, donne naissance à une substance intermédiaire entre la matière organique non dégradée et le combustible fossile mature : le *kérogène*. Ce produit est disséminé entre les particules sédimentaires. Seulement 0,1 % du kérogène total se transforme en charbon et 0,03 ‰ en gaz ou en pétrole.

La décomposition thermique en l'absence d'oxygène – ou *pyrolyse* – du kérogène d'origine planctonique et marin donne naissance, par enfouissement, à des hydrocarbures – pétrole et gaz naturel – et à de l'eau. Parallèlement, les sédiments se compactent et se transforment en roches. L'intensité de la pyrolyse augmente avec la profondeur, ce qui entraîne une décomposition plus importante du kérogène et favorise la formation de gaz : le pétrole se forme entre 2 000 et 3 000 mètres de profondeur et le gaz entre 3 000 et 5 000 mètres. Si les hydrocarbures demeurent, diffus, dans la roche d'origine – ou *roche-mère* –, on parlera d'huile et de gaz de schiste ; s'ils migrent dans une roche sus-jacente plus perméable – *roche réservoir* –, piégés en poches sous un toit imperméable – *roche couverture* –, il se formera des gisements de pétrole et de gaz dits conventionnels.

Schéma simplifié d'un système pétrolier

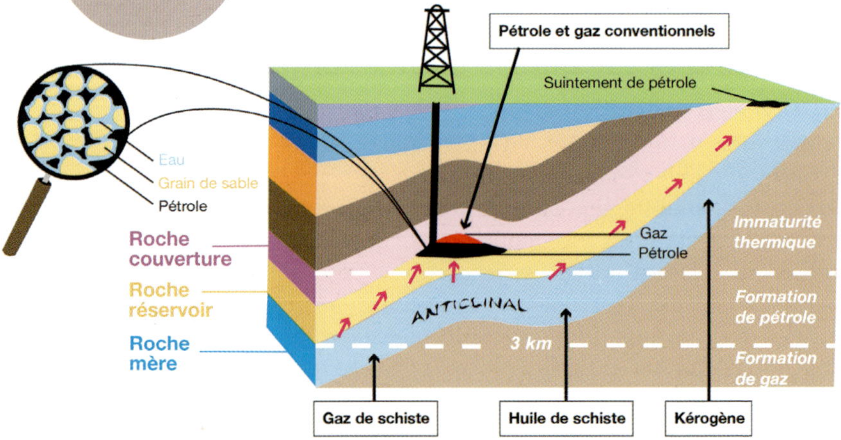

Le charbon houiller résulte de l'évolution d'un kérogène d'origine végétale, formé en milieu continental. Contrairement à celui qui donne naissance au pétrole, le kérogène charbonneux est largement dominant par rapport aux sédiments minéraux dans la roche. La pyrolyse du kérogène charbonneux donne naissance à différents produits plus ou moins riches en carbone (*voir Clé 86*). Le gaz associé à la houille porte le nom de grisou : c'est du méthane.

82 Gaz naturel, pétrole et asphalte : quels gisements ?

La biomasse est composée essentiellement de carbone, d'hydrogène, d'azote et d'oxygène. Lors de sa dégradation thermique ou pyrolyse, la matière organique s'enrichit en carbone et en hydrogène, pour donner naissance à des hydrocarbures. La stratification des fluides dans un système pétrolier conventionnel est la suivante, du bas vers le haut : eau, pétrole et gaz. En effet, bien que le gaz naturel se forme à des niveaux plus profonds que le pétrole, sa faible densité fait qu'il se stocke, après migration, en position haute dans le réservoir.

Le gaz naturel, essentiellement composé de méthane, se subdivise en gaz primaire, issu de la dégradation thermique du kérogène, et en gaz secondaire, formé par pyrolyse du pétrole. Le gaz conventionnel non associé au pétrole est la forme la plus exploité de gaz naturel. Quand il est en solution dans le pétrole, le gaz doit être séparé lors de l'extraction.

Le pétrole est un mélange liquide d'hydrocarbures à longues chaînes carbonées. Il se stocke dans une roche réservoir sous une couche sédimentaire imperméable de couverture, généralement argileuse, idéalement plissée en forme de voûte à concavité vers le bas (anticlinal). Il existe aussi des réservoirs de pétrole conventionnel dans des

Le pétrole abiotique, mythe ou réalité ?

Le concept de pétrole abiotique a été introduit dans les années 1950 par le Russe Nikolai Kudryavtsev (1893-1971). Il s'agit d'une théorie alternative sur l'origine du pétrole, qui, selon son concepteur, se serait formé dans le manteau terrestre, à partir de carbone ancien d'origine non biologique. Cette théorie reprend une idée avancée au XIXe siècle, mais largement contestée depuis. En effet, si la production de méthane abiotique a été démontrée dans le manteau terrestre et dans d'autres corps du système solaire, comme le satellite de Saturne Titan, aucune preuve de l'existence de pétrole abiotique n'a jamais pu être apportée.

structures sur failles ou dans des pièges formés par la remontée d'un dôme de sel. Les pétroles se classent selon deux principaux critères : leur densité et leur teneur en soufre. Le produit qui a la plus haute valeur commerciale est à la fois léger et peu soufré.

L'asphalte naturel est un pétrole ultra lourd et très visqueux, parfois même solide. Il est synonyme de bitume naturel : le premier mot est d'origine grecque et le second d'origine latine. En revanche, les termes techniques correspondants n'ont pas la même signification : le bitume synthétique est un sous-produit de raffinage du pétrole et l'asphalte des travaux public est un mélange de bitume synthétique et de granulat. Enfin, le goudron, souvent utilisé en synonyme de bitume, est en fait un sous-produit houiller. L'asphalte naturel est piégé dans les pores des roches calcaires ou dans les interstices des sédiments sableux. Ces derniers portent le nom de *sables bitumineux*.

83 Schiste bitumineux, huile de schiste et gaz de schiste : quelles différences ?

Nous entrons à présent dans la catégorie des combustibles non conventionnels. Le *schiste bitumineux* est une roche qui contient du kérogène, intermédiaire entre la matière organique non dégradée et les hydrocarbures. Le terme schiste bitumineux est doublement incorrect, puisque la roche à laquelle il se réfère est généralement sédimentaire et non métamorphique, et qu'elle contient du kérogène, et non du bitume. À ne pas confondre avec les sables bitumineux (*voir Clé précédente*). Le kérogène peut être traité thermiquement pour produire un pétrole synthétique. La roche porteuse est broyée et chauffée à plus de 500 °C, ce qui permet d'accélérer artificiellement la maturation du pétrole : elle se fait en quelques heures, contre plusieurs millions d'années en conditions naturelles. Le bilan énergétique de l'opération est très mauvais.

L'huile et le gaz de schiste sont des hydrocarbures de roche-mère, qui n'ont pas migré vers un réservoir. La roche productrice est sédimentaire, généralement riche en argile : ce n'est donc pas un véritable schiste, là non plus. Le gaz se trouve à des niveaux plus profonds que l'huile. Ces hydrocarbures sont piégés dans les pores de la roche-mère. Pour les extraire, il faut recourir à de coûteuses techniques de forage dirigé, à longues portions horizontales, et de fracturation hydraulique. La partie

Suintements naturels d'hydrocarbures dans le parc de la Brea Tar Pits, en plein centre de Los Angeles (Californie, États-Unis)

verticale du forage permet d'atteindre la profondeur requise (plus de 2 000 mètres), tandis que le conduit horizontal traverse sur plusieurs kilomètres la couche imbibée d'hydrocarbure. La fracturation de la roche s'effectue par injection dans le puits d'eau à haute pression, additionnée de sable pour empêcher les fissures de se refermer, de lubrifiants, de détergents et de biocides. Cette première phase dure quelques jours. L'eau est ensuite pompée, puis débute la récupération de gaz (ou d'huile) par le même conduit, opération qui peut s'étaler sur plusieurs années. Quand la production baisse, de nouvelles fracturations peuvent être réalisées. L'exploitation intensive du gaz de schiste a débuté dans les années 2000, quand le cours du pétrole a atteint un niveau suffisamment élevé pour que l'extraction des hydrocarbures non conventionnels devienne rentable.

Coupe montrant une extraction de gaz de schiste et les différentes possibilités de pollution

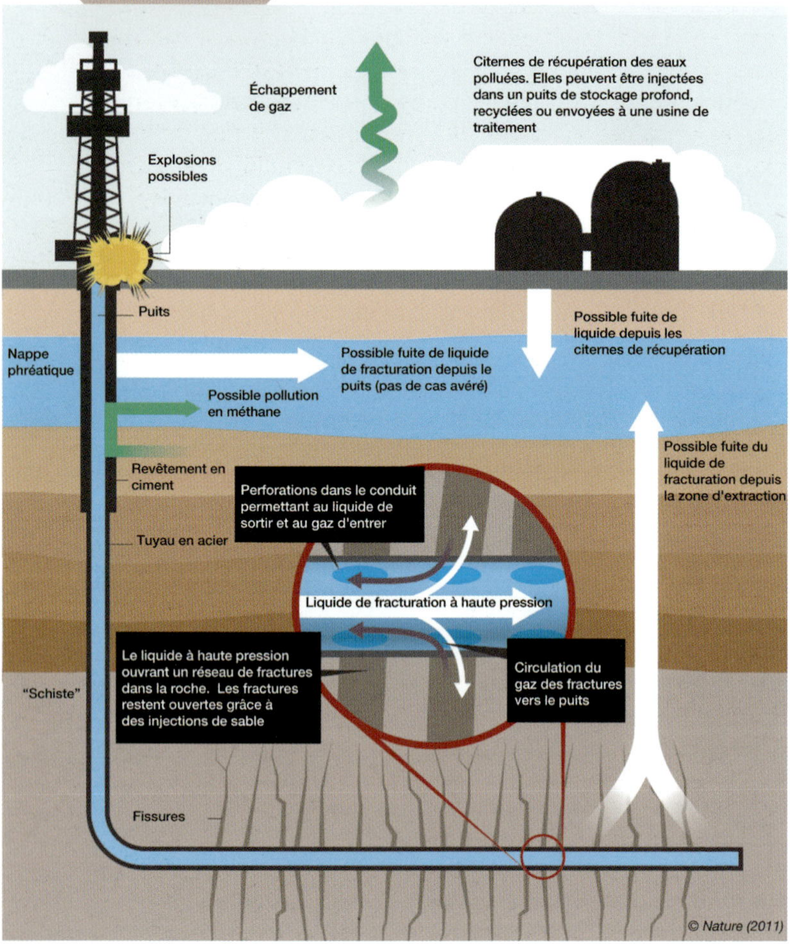

84 Pourra-t-on un jour extraire l'huile et le gaz de schiste sans polluer ?

L'opportunité d'exploiter de l'huile et du gaz de schiste est très débattue dans de nombreux pays, à cause des préjudices environnementaux attribués aux techniques utilisées. En France, la recherche et la production font actuellement l'objet d'un moratoire. Quelles sont précisément les nuisances liées à cette exploitation ? Peut-on espérer l'émergence de nouvelles techniques moins polluantes dans les prochaines années ?

La fracturation hydraulique ne permet de drainer qu'un volume de roche limité autour du conduit, avec un taux moyen de récupération de gaz de 20 %, contre 75 % dans les gisements conventionnels. Dans ces conditions, plusieurs dizaines de puits doivent être forés dans chaque zone d'exploitation, ce qui provoque de gros préjudices paysagers. Cette multitude de forages entraîne une très forte consommation d'eau, qui est ensuite récupérée dans des citernes, puis dépolluée dans des stations de retraitement. L'exploitation est responsable d'une pollution atmosphérique (chaque puits relâche entre 3,5 et 8 % de son gaz dans l'air) et peut provoquer une contamination des nappes phréatiques avec les produits chimiques utilisés dans l'eau injectée. À cela s'ajoutent des risques sismiques liés au processus de fracturation et des risques d'explosion de gaz dans l'installation de surface. La liste n'est pas exhaustive...

« No fracking ! » Clip Arts de Dominique Chappard pour protester contre l'extraction du gaz de schiste

Les impératifs économiques pèsent de tout leur poids dans le débat, surtout depuis que l'on sait que les États-Unis marchent à grands pas vers l'indépendance énergétique : en octobre 2013, pour la première fois depuis 20 ans, ils ont produit plus d'hydrocarbures qu'ils n'en ont importé et devraient devenir exportateur dès 2030. Contraintes écologiques *versus* impératifs économiques : que faire ? Prudent, l'auteur de ces lignes se gardera bien de tenter d'apporter une réponse à une aussi brûlante question. Il se contentera de signaler que des techniques alternatives à la fracturation hydraulique sont à l'étude. La plus prometteuse est sans doute la fracturation pneumatique à l'hélium chaud, qui ne fait appel ni à de l'eau, ni à des produits chimiques polluants. Autres pistes : remplacer l'eau par du fluoropropane liquéfié, un gaz ininflammable qui pénètre aisément dans les fractures de la roche, ou effectuer une fracturation acoustique par stimulation électrique. Mais on n'en est qu'au stade expérimental. Le débat a donc encore de beaux jours devant lui…

85 La fin du pétrole pour bientôt ?

« BP a toujours été l'abréviation de British Petroleum, n'est-ce pas ? Et maintenant regardez-moi ça. Ce logo en forme de tournesol vert et jaune, c'est nouveau. Et cette réclame qui vise à nous expliquer que BP signifie désormais « Beyond Petroleum », au-delà du pétrole. On ne peut pas démontrer plus clairement, me semble-t-il, que même les grandes compagnies partent du principe que la fin approche. »

Cet extrait, issu du roman d'anticipation *En panne sèche* d'Andreas Eschbach (L'Atalante, 2009), présente le problème : l'ère du pétrole est-elle sur le point de s'achever et qu'est-ce qui le remplacera ? Si on reformule la question de cette manière : « l'ère du pétrole *conventionnel* est-elle sur le point de s'achever ? », alors la réponse est oui, puisqu'il est déjà partiellement remplacé par le gaz et l'huile de schiste. Mais ce n'est là que reculer pour mieux sauter. Le sursis ne sera que de quelques décennies et au prix probable d'une accélération de la dégradation environnementale. Déjà, les principaux champs de production de gaz de schiste du sud des États-Unis ont franchi leur pic de production fin 2011. Alors ?

Il n'existe pas de prévisions fiables sur la fin du pétrole. Au-dessus d'un certain cours, des gisements actuellement non exploités deviendront rentables. À l'inverse, si les prix plongent, des exploitations d'hydrocarbures non conventionnels, comme les sables bitumineux de l'Alberta (Canada), perdront de leur intérêt. Les spécialistes estiment que la véritable pénurie surviendra lorsqu'un baril à 200 $ n'incitera aucune entreprise à mener des prospections. Étant donné la fluctuation des paramètres économiques et géostratégiques, personne ne se risque sérieusement à émettre une date pour la fin de l'or noir. En tout état de cause, cette question ne peut pas être déconnectée d'une autre, lancinante : quel sera notre seuil de tolérance à l'enrichissement inéluctable de l'atmosphère en gaz à effet de serre par combustion de carburant fossile ?

86 Comment se forme(nt) le(s) charbon(s) ?

Charbon(s), avec ou sans « s » ? Le pluriel fait référence aux quatre grands types lithologiques de charbons humiques, qui résultent de la décomposition des plantes terrestres de grande taille : la tourbe, le lignite, la houille et l'anthracite. On utilisera le singulier pour désigner le matériau charbonneux en général ou en tant que synonyme de houille. Il ne sera pas question ici des charbons dits « sapropéliques », peu abondants et rarement exploités, issus de la dégradation de débris microscopiques (spores, pollens ou algues).

Les quatre types de charbons, du moins évolué (tourbe) au plus riche en carbone (anthracite)

Les charbons ne sont pas des hydrocarbures, mais des carbohydrates azotés. Ils se forment par dégradation des végétaux terrestres, d'abord accumulés dans des tourbières, puis mis à l'abri de l'atmosphère par enfouissement. L'augmentation de la température et la pression dans un milieu pauvre en oxygène induit un accroissement progressif des teneurs en carbone, dû à un départ de l'oxygène, de l'hydrogène et de l'azote sous forme de gaz. Les stades initiaux, correspondant à la tourbe (50-55 % de carbone) et au lignite (55-75 % de carbone), se forment à des profondeurs inférieures à 1 000 mètres. Le stade suivant, la houillification, se produit à des profondeurs allant jusqu'à 5 000 mètres, où les températures peuvent atteindre des valeurs proches de 200 °C. La houille contient de 75 à 90 % de carbone. Enfin, à plus de 200 °C, apparaît l'anthracite (90-95 % de carbone). L'essentiel de la houille et de l'anthracite terrestres s'est formé au Carbonifère (359-299 millions d'années). Cette période de l'histoire de la Terre est caractérisée par le développement d'une gigantesque flore arborescente de lycophytes dans les zones humides intertropicales. Les organismes capables de décomposer cette énorme quantité de matière organique n'existant pas encore, celle-ci a pu s'accumuler sur de très grandes épaisseurs. L'arrêt de la formation de houille et d'anthracite vers 290 millions d'années semble être lié à l'apparition de nouvelles espèces de champignons possédant des enzymes capables de décomposer la totalité de la lignine, la partie dure du bois.

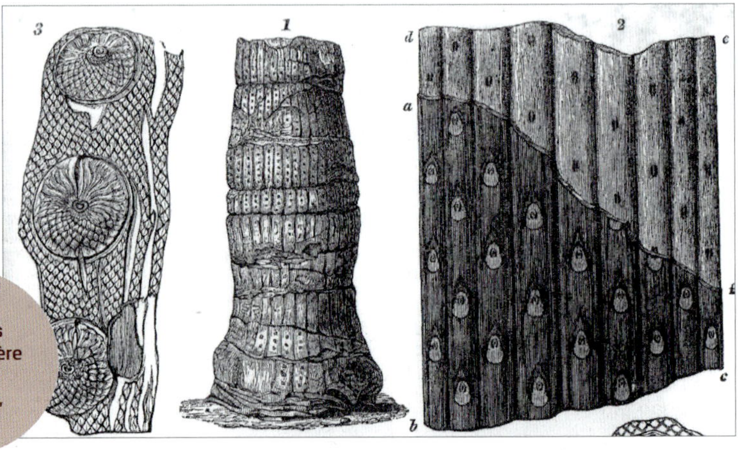

Plantes houillères du Carbonifère (William Buckland, 1838)

(1-centre) Fragment basal, haut de 1,50 m, d'un tronc de sigillaire trouvé debout en 1803 dans la falaise de Bog-Hall, près de Newbiggin (Northumberland, Angleterre) ; (2-droite) fragment d'une écorce de sigillaire, large de 10 cm, provenant d'une mine de houille près de Rotherham (Angleterre) ; (3-gauche) fragment d'un tronc d'*Ulodendron allanii*, large de 10 cm, provenant de la formation houillère de Craigleith (Écosse)

87 Comment le charbon s'inscrit-il dans l'histoire de l'artisanat et des industries ?

Marco Polo signale, au XIIIe siècle, la combustion de houille par les Chinois. En Europe, ce matériau commence à être utilisé dans l'industrie à partir du XVIIe siècle, en complément du charbon de bois. Mais il faut attendre le XIXe siècle et la révolution industrielle pour que se développent les mines souterraines. À cette époque, dans les régions houillères, tout le monde travaille à la mine, même les enfants, parfois à plusieurs centaines de mètres de profondeur.
Dans la sidérurgie, la houille doit être avant utilisation transformée en coke par chauffage à l'abri de l'air. Ce produit dérivé du charbon sert depuis le XVIIIe siècle à réduire le minerai de fer par combustion dans les hauts fourneaux, ainsi qu'à apporter du carbone afin d'obtenir de la fonte, laquelle est ensuite transformée en acier.
L'anthracite est le charbon qui a le meilleur pouvoir calorifique, au contraire du lignite, combustible médiocre et hautement polluant. Il est pourtant encore beaucoup utilisé pour la production d'électricité, en particulier en Allemagne, premier producteur mondial de lignite. Quant à la tourbe, elle est traditionnellement utilisée comme combustible en Irlande. La ville de Dublin a néanmoins récemment proscrit son utilisation à cause de l'importante quantité de particules émise par sa combustion. En Écosse, les feux de tourbe permettent le séchage de l'orge servant à la fabrication de certains whiskies.
Les spécialistes prédisent que les différents charbons redeviendront d'ici 2020 la principale source d'énergie dans le monde. Un peu ringard, non ? Oui, mais le charbon est tellement abondant et si bon marché… Pas certain que cette régression énergétique soit une bonne nouvelle pour l'atmosphère.

Charbon de bois *versus* « charbon de terre »

Avant la généralisation du « charbon de terre » – c'est-à-dire des différents types de charbons fossiles –, le charbon de bois était le principal combustible pour les fours artisanaux. Il est connu depuis la plus haute Antiquité. Le principe est de carboniser le bois en atmosphère contrôlé, afin de libérer les volatils. En Europe, cette opération était réalisée en forêt par des charbonniers. Les morceaux de bois étaient entassés en cônes de 3 m de haut, percés au centre d'un conduit vertical pour pouvoir y bouter le feu, une fois la construction recouverte d'une couche de terre. La combustion durait plusieurs jours ou semaines.

Charbonniers au XVIIIe siècle (*L'Encyclopédie*, 1751-1772)

88 Comment transformer le charbon en pétrole ?

Le CtL (ou *Coal to Liquid*) est un hydrocarbure obtenu par liquéfaction de houille. Le procédé est simple : il suffit d'associer de l'hydrogène au carbone du charbon en arrosant d'eau de la houille chauffée à 1 000 °C. On obtient ainsi un gaz de synthèse composé de monoxyde de carbone et de dihydrogène, qui se recombinent pour donner du méthanol, produit intermédiaire dans la chaîne pétrochimique menant aux hydrocarbures liquides. Longtemps considérée comme peu rentable, cette technique suscite un regain d'intérêt depuis que le pétrole a renchéri, ces dernières années. Elle permet en effet la production d'un baril d'hydrocarbure à un coût très compétitif d'environ 60 euros. Mais le bilan d'émissions de gaz carbonique – intégrant l'extraction du charbon, la fabrication et la combustion du CtL – est au moins deux fois plus élevé que celui correspondant au cycle complet du pétrole...

Le procédé d'obtention du CtL n'est pas nouveau : il est basé sur le principe de la pyrolyse du bois pour la production de gaz, découvert au XVIIIe siècle par l'ingénieur français Philippe Lebon (1767-1804). L'application directe en est le gazogène,

grâce auquel Lebon a pu produire du gaz d'éclairage. Il en existe à bois, à charbon fossile et à coke. Les gazogènes transportables ont été très utilisés sous l'Occupation, en France, pour pallier la pénurie de carburant automobile. Le plus célèbre de ces engins est sans aucun doute celui que Franquin a offert à Gaston Lagaffe pour équiper sa fameuse Fiat 509 jaune, afin de pouvoir rouler et… cuisiner :
« – Tu veux que je les flambe, mes crêpes, oui ou non ?
– Non !
– M'enfin, c'est pas une réponse, ça ! »

Hitler et le charbon de la Ruhr

La Seconde Guerre mondiale a favorisé le développement d'essence synthétique par liquéfaction de houille. Dès 1936, Hitler élabore un plan quadriennal en vue d'assurer à terme l'indépendance énergétique de l'Allemagne. Il lance la fabrication massive d'essence synthétique à partir du charbon de la Ruhr. En septembre 1939, la production dépasse les 72 000 barils par jour, ce qui permet de couvrir 95 % des besoins de l'aviation : le pays est prêt pour la guerre. Durant les hostilités, la production d'essence synthétique ne fera que croître : 89 000 barils en 1941, 124 000 en 1943, puis 131 000 en 1944. Dans les années 1950, l'Afrique du Sud imitera l'Allemagne nazie en développant la fabrication d'hydrocarbures synthétiques, en vue de répondre au blocus mondial des produits pétroliers pour cause d'apartheid.

89 Quels minéraux à l'origine des gisements d'uranium ?

L'uranium est un élément relativement abondant dans les granites et les filons associés. Il peut aussi se trouver en forte concentration dans certaines roches sédimentaires et hydrothermales. Le principal minéral uranifère est l'uraninite, un oxyde d'uranium présent dans certaines pegmatites. L'uraninite contient également des terres rares, du thorium et des dérivés de la désintégration radioactive de l'uranium, comme le radium. Il cristallise en prismes cubiques à éclat métallique, aux sommets parfois tronqués, ce qui peut donner naissance à des formes octaédriques (*voir Clé 13*). La variété concrétionnée de l'uraninite, typique de certains filons hydrothermaux, porte le nom de pechblende (mot allemand formé de « pech », poix et de « blenden », éblouir, tromper). C'est un minerai sombre, dont l'un des produits d'altération est la kasolite, un silicate hydraté d'uranium et de plomb, qui cristallise en bouquets de lamelles jaunes translucides. La pechblende a longtemps été utilisée dans les ateliers de céramique comme adjuvant de pigmentation et, au XIXe siècle, pour colorer le fameux cristal vert de Bohème.

L'isotope 226 du radium – un élément découvert et extrait en 1898 par Pierre et Marie Curie – est l'un des produits de la longue chaîne de désintégration de l'isotope ^{238}U. À masses équivalentes, il est trois millions de fois plus radioactif que son parent. C'est le principal responsable de la radioactivité naturelle de la pechblende, qui n'en contient pourtant qu'une quantité infinitésimale. Au début du XXe siècle, le radium a connu un fort engouement. On en trouvait un peu partout, dans les cigarettes, les dentifrices ou les produits de beauté, heureusement en quantité non toxique. On pouvait lire sur des affichettes les publicités suivantes :

« *Crème* Tho-Radia, *à base de radium et de thorium. Stimule la vitalité cellulaire, raffermit les tissus, empêche la déformation des pores, élimine la graisse, etc. Formule du docteur*Alfred Curie (sic). »

« *La science a créé* Tho-Radia *pour embellir les femmes. À elles d'en profiter. Reste laide qui veut !* »

Pechblende (sombre) et dolomite (rose). Mine de Wismut, Niederschlema-Alberoda, Erzgebirge, Allemagne

Cristaux de kasolite jaune associés à de la wulfénite orange et à de la malachite verte. Mine de Musonoi, Katanga, Rép. dém. du Congo

90 L'énergie nucléaire : une histoire chaotique pour un avenir radieux ?

L'uranium ^{238}U n'est pas un bon combustible nucléaire, au contraire du ^{235}U, le seul isotope fissile – c'est-à-dire dont le noyau peut subir une fission nucléaire par bombardement neutronique – qui existe à l'état naturel en quantité non négligeable. Avant de pouvoir être utilisé en tant que source d'énergie dans l'industrie, l'uranium naturel doit voir sa proportion d'isotope 235 augmentée : c'est le principe de l'enrichissement. L'uranium naturel contient 0,72 % de ^{235}U (pour 99,27 % de ^{238}U) ; l'uranium faiblement enrichi, qui sert à alimenter la plupart des réacteurs nucléaires civils, en contient de 3 à 5 % ; enfin, l'uranium de qualité militaire, utilisable pour fabriquer une arme nucléaire, est enrichi à plus de 85 %. L'uranium ^{235}U est l'isotope le plus utilisé dans l'industrie nucléaire, avec le ^{233}U et le plutonium ^{239}Pu. Sous l'effet de la collision avec un neutron, les noyaux de ces gros atomes se cassent en libérant une grande quantité d'énergie, ainsi que deux ou trois neutrons capables de produire une nouvelle fission et d'enclencher ainsi une réaction en chaîne. Il existe un seul exemple mondial de réacteur naturel, où les réactions de fission nucléaire en chaîne se sont auto-entretenues sans l'intervention de l'homme : le réacteur nucléaire naturel d'Oklo au Gabon, heureusement de faible puissance.

L'histoire de la production d'énergie nucléaire est ponctuée de pollutions et d'accidents, dont les deux plus importants sont ceux de Tchernobyl en Ukraine en 1986 et de Fukushima au Japon en mars 2011 – le premier à cause de problèmes de conception et de non-respect des normes de sécurité, le second à la suite d'un gigantesque tsunami. Outre les risques inhérents au fonctionnement des centrales, le problème du traitement des déchets radioactifs, difficiles à recycler, est le principal cheval de bataille des opposants à cette industrie – qui, rappelons-le, couvre 75 % de la production d'électricité française. À l'inverse, le coût modéré de l'électricité d'origine nucléaire, l'indépendance énergétique et la faible émission de gaz carbonique atmosphérique sont les principaux arguments mis en avant par les partisans de cette filière pour justifier son développement. L'avenir du nucléaire, s'il y en a un, doit impérativement prendre en compte les impératifs de sécurité et être compatible avec un développement durable. Les réacteurs à uranium enrichi sont condamnés à moyen terme, non seulement à cause du problème des déchets, mais aussi parce que les réserves d'uranium seront épuisées d'ici une cinquantaine d'années, au rythme de la consommation actuelle. La principale piste d'avenir actuellement à l'étude par les scientifiques est le réacteur à sels fondus associé au cycle du thorium. Cet élément présente l'avantage d'être quatre fois plus abondant que l'uranium et de produire des déchets plus facile à traiter. Et en associant cette filière avec des réacteurs à sels fondus – dont le principe est d'utiliser des sels dispersés dans un liquide à la place de barres de combustible solides –, la quasi-totalité du combustible est utilisée, ce qui minimise considérablement la production de déchets.

Réacteur expérimental à sels fondus de thorium (MSRE: *Molten Salt Reactor Experiment*) d'Oak Ridge (Tennessee, États Unis), qui a fonctionné de manière satisfaisante de 1965 à 1969

Carrière ou mine, il faut choisir !

Extrait de *De Re Metallica* de Georgius Agricola (1556)

91 Substances utiles et minerais : quelles différences ?

Une substance utile est une roche ou un minéral exploité en carrière pour ses propriétés physiques ou thermiques (dureté, ténacité, résistance à la chaleur, porosité, couleur, etc.). Une fois la substance extraite, elle peut ne subir qu'une simple taille ou un concassage. Quand il y a traitement, celui-ci se fait généralement par des méthodes physiques simples, permettant par exemple la purification du matériau recherché ou la modification de ses propriétés par chauffage (transformation du gypse en plâtre, du quartz en verre ou du calcaire en chaux). Les substances utiles ont en général une faible valeur unitaire et font l'objet d'un commerce essentiellement local.

Un minerai est une association minérale contenant des substances chimiques présentant un intérêt économique, en concentration suffisante pour justifier une exploitation. Il a une importante valeur unitaire et peut faire l'objet de transactions internationales. Pour qu'une masse minérale devienne un gisement de minerai, il faut qu'à la fois la teneur et le tonnage de la substance recherchée soient suffisants pour permettre une production rentable, en fonction du cours du matériau. Un minerai est extrait d'une mine. La valorisation de la substance intéressante demande systématiquement un traitement chimique. Les minerais sont classiquement subdivisés en trois catégories : les produits énergétiques (hydrocarbures, charbons et uranium : *voir chapitre précédent*),

Bâtiments en ruine de la mine d'or Liberty Bell (Comté San Miguel, Colorado, États-Unis), détruits à la suite d'une série de trois avalanches meurtrières le 28 février 1902. Photographie prise le 26 juin 1973

les minerais métalliques et les substances non métalliques, incluant tout ce qui n'entre dans aucune des deux autres catégories (phosphates, potasse, sel gemme, etc.).
La distinction entre mine et carrière n'a donc rien à voir avec le fait que l'exploitation soit souterraine ou à ciel ouvert. Ce qui fait la différence, c'est la nature de la substance extraite. Ce sont avant tout des notions juridiques. Les mines sont régies par le Code minier. S'il s'agit de matériaux stratégiques, l'État dispose du sous-sol et accorde les autorisations d'exploitation sous forme de concessions. En revanche, les autorisations d'ouverture de carrières sont délivrées par arrêtés préfectoraux. Le propriétaire du sol d'une carrière l'est également du sous-sol.

92 De la phase exploratoire au comblement, comment évolue une carrière ou une mine ?

En France, l'ouverture d'une carrière est soumise à autorisation préfectorale. Les zones d'exploitation potentielles, présentant une géologie favorable et se situant à proximité des lieux de consommation, doivent respecter de nombreuses contraintes réglementaires et environnementales, ce qui peut poser des problèmes d'accès à la ressource. La physionomie d'une carrière évolue au cours du temps, en fonction de l'avancée des fronts de taille. Elle fonctionne tant que la ressource demeure accessible à moindre coût. La restauration paysagère d'un site en fin de vie est désormais prise en compte dès l'ouverture de la carrière, avec versement d'une caution financière pour garantir les travaux de remise en état initial si l'exploitant fait faillite. Il est à noter que les anciennes carrières, qui n'ont pas subi de terrassements paysagers et sont généralement préservées des pollutions par engrais et pesticides, peuvent devenir des oasis de biodiversité, où l'on voit se développer d'intéressants écosystèmes, rares par ailleurs.
Les toutes premières mines datent de la préhistoire (*voir Clé* 99). Comme en témoigne l'œuvre d'Agricola (*voir Clé* 95), la Renaissance marque le début de l'exploitation rationnelle du sous-sol, qui prendra sa pleine mesure au cours de la Révolution industrielle des XVIIIe et XIXe siècles. Actuellement, les méthodes de prospection minières font appel à diverses spécialités scientifiques, telles la géochimie, la géophysique et l'imagerie satellitaire. Comme pour les carrières, la restauration paysagère

en fin de vie des sites miniers est prise en compte en amont, dès le montage des projets. L'exploitation peut se faire à ciel ouvert, par l'intermédiaire de galeries horizontales à flanc de coteau ou de puits profonds, si le gisement n'est pas affleurant. Cette dernière option, bien que coûteuse, est la plus courante. Le suivi d'une mine après fermeture est beaucoup plus contraignant que celui d'une carrière. Il convient en effet d'évaluer les risques d'affaissement, de remontée de grisou dans le cas des anciennes exploitations de charbon, de pollution de la nappe phréatique, de radioactivité des déchets uranifères, etc. En France, les organismes en charge de l'évaluation des risques et de la surveillance des anciens sites miniers sont le BRGM (Bureau de recherches géologiques et minières) et l'Ineris (Institut national de l'environnement industriel et des risques).

Coupes d'une mine aux XVIe et XVIIIe siècles

Figure de droite : le bâtiment conique renferme le tourniquet actionné par des chevaux permettant de faire monter les bacs contenant le minerai ; en profondeur, on voit des coupes de galeries étayées et des mineurs au travail

93 Quelles sont les principales substances utiles ?

Les principales ressources des carrières sont les carbonates et les gypses, exploités pour le ciment et le plâtre, l'amiante, le talc, différentes argiles – dont le kaolin – qui sont utilisées pour la fabrication des briques, des porcelaines et des tuiles, et enfin, les granulats.

Les granulats se définissent comme des fragments de roches de taille inférieure à 125 millimètres, de nature calcaire ou siliceuse. Ils entrent dans la composition des voies routières et ferroviaires, des ouvrages d'art et de tous les produits en mortier ou en béton. Les granulats constituent la ressource naturelle la plus utilisée au monde après l'eau. On en extrait en France près de 100 millions de tonnes par an. Il ne faut pas moins de 30 000 tonnes de granulats pour construire un kilomètre d'autoroute !

La société DAMREC exploite depuis 1970 à Glomel (22) une très grande carrière en gradins qui produit une matière première minérale unique en Europe : l'andalousite (*voir clé* 56). Entre 60 000 et 80 000 tonnes de ce minéral – dont l'appellation locale est *guerphalite* – sont extraites par an, ce qui représente un quart de la production mondiale. L'andalousite sert de réfractaire pour l'industrie sidérurgique. De manière plus anecdotique, ce minéral métamorphique est aussi utilisé dans la fabrication de pièces pour les têtes de fusées nucléaires.

Le monstre du lac de Nénesse

Article paru dans le journal d'anticipation de la Bretagne centrale *Power Hebdo*, numéro de décembre 2059 :

« Alors qu'il installait des charges de dynamite pour extraire la guerphalite du lac de Glomel asséché, un ouvrier de la Damreor a fait, jeudi dernier, une étrange découverte. Sous les sédiments, à 100 mètres de l'ancien barrage, il a mis au jour le squelette d'un python d'une quinzaine de mètres. La population locale a aussitôt fait le lien avec une affaire qui, il y a une vingtaine d'années, avait défrayé la chronique. Ernest Bihan, dit Nénesse, alors qu'il se soulageait au bord du lac du Corong à l'aurore du fest-noz des pompiers, salle du lac, avait aperçu, émergeant du plan d'eau, un étrange animal préhistorique. La légende du monstre de Loch Nénesse était née. Le réchauffement climatique n'a pas fini de nous réserver des surprises. »

http://gerard.alle.site.free.fr/documents/PowerHebdo1.pdf

94 L'amiante, substance utile ou poison ?

Les deux, incontestablement. L'amiante est un terme générique désignant plusieurs minéraux à texture fibreuse, dont les propriétés réfractaires ont conduit à les utiliser dans l'industrie. Le mot est emprunté au grec « amiantos », qui signifie sans tache, incorruptible. Le terme asbeste – inextinguible en grec – est un synonyme. Les trois types d'amiante qui ont été exploités industriellement sont : l'amiante blanc (chrysotile, un silicate de magnésium hydroxylé du groupe des serpentines), l'amiante bleu (crocidolite, une amphibole ferrosodique) et l'amiante brun (amosite, une amphibole ferreuse). Le chrysotile est l'amiante le plus commun, puisqu'il représentait au XXe siècle près de 94 % du marché mondial.

Les amiantes sont non seulement résistants au feu, mais aussi à la tension et aux attaques chimiques. Ils ont été largement utilisés comme coupe-feu en recouvrement de paroi par projection (flocage) et en tant que fibres de renfort ou adjuvant dans des produits en ciment, des asphaltes, des colles et des peintures. On sait pourtant depuis le XIXe siècle – au moins – que ce produit est hautement toxique, puisque son ingestion répétée peut provoquer des fibroses pulmonaires et différents cancers, dont celui de la plèvre. Bien qu'interdit en France depuis 1997, l'amiante est encore présent dans de nombreux bâtiments. Selon l'Institut national de recherche et de sécurité pour la prévention des maladies professionnelles (INRS), les maladies liées à l'amiante représentent aujourd'hui, hors accidents, la première cause de décès liés au travail. L'amiante-amphibole est plus dangereux que le chrysotile, qui demeure le seul amiante commercialisé dans le monde, essentiellement pour la fabrication de chrysotile-ciment.

Pour terminer sur une note philosophique, une citation de Friedrich Nietzsche (1844-1900) : « C'est l'esprit qui nous sauve d'être entièrement consumés et réduits en charbons ; (…) il nous cache dans un tissu d'asbeste. Délivrés du feu, nous marchons alors… » (*Humain, trop humain*, I, traduction Alexandre-Marie Desrousseaux).

Amiante chrysotile. Sud de Nantes (44)

« On a inventé aussi un lin que la flamme ne consume pas ; on le nomme lin vif, et nous en avons vu des nappes jetées dans le foyer ardent d'une salle à manger s'y nettoyer, et sortir plus éclatantes du feu qu'elles ne seraient sorties de l'eau. On en fabrique les linceuls royaux, qui séparent les cendres du corps de celles du bûcher. Cette substance vient des déserts brûlés par le soleil de l'Inde, où il ne tombe pas de pluie, au milieu de reptiles horribles ; elle s'habitue là à résister à l'action du feu ; elle est rare à trouver et difficile à tisser, parce qu'elle est courte ; du reste, la couleur en est rousse ; le feu la rend d'un blanc éclatant. Ceux qui la trouvent la vendent aussi cher que les plus belles perles ; elle est appelée par les Grecs « asbeste », nom qui en indique les propriétés (asbestos : indestructible). Anaxilaüs prétend qu'un tissu de ce lin mis autour d'un arbre amortit le bruit des coups de la cognée, et qu'on l'abat sans que ce bruit soit entendu. L'asbeste occupe donc parmi les lins le premier rang dans tout l'univers. »
Pline l'Ancien (23-79), *Histoire naturelle*, livre XIX (traitant de la nature du lin et de l'horticulture), trad. Émile Littré.

Pline l'Ancien nous parle de l'amiante...

95 Quels processus géologiques à l'origine des minerais ?

Il y a gisement quand une substance économiquement intéressante se trouve concentrée à un taux exceptionnel par un phénomène géologique. Les gîtes minéraux sont classifiés en fonction des mécanismes qui leur ont donné naissance. Il en existe deux grandes catégories, qui sont : les dépôts liés à l'action des processus de surface et les gisements associés à une activité magmatique.

Les *dépôts résiduels* sont des concentrations liées à une altération de surface de roches riches en feldspath, généralement sous climat tropical. Les feldspaths altérés libèrent leur aluminium, lequel se lie avec des groupements hydroxydes (HO^-) pour former de la *bauxite*. Les gîtes alluvionnaires ou *placers* correspondent à des concentrations de métaux lourds dans des sables de rivière. Les pépites d'or que l'on trouve dans ce type de gisements proviennent de l'érosion de filons d'or natif. Le sel et la potasse sont directement exploités à partir de roches sédimentaires salines, les évaporites (*voir Clé* 38). Enfin, il convient de signaler que la très grande majorité des gisements de fer sont d'origine sédimentaire : c'est le cas des fers rubanés précambriens (*Banded Iron Formation* ou BIF, *voir Clé* 43), fournissant l'essentiel des minerais de fer extraits dans le monde, mais aussi de la minette anciennement exploitée en Lorraine, qui est une roche sédimentaire formée de petites concrétions ferrugineuses ou *oolites*.

L'activité magmatique est à l'origine de nombreux gîtes minéraux. Un premier groupe rassemble les gisements purement magmatiques. Des concentrations minérales économiquement intéressantes peuvent se rencontrer dans des filons de pegmatite en périphérie des plutons granitiques ou résulter de l'accumulation de minéraux lourds dans un réservoir magmatique. Un second ensemble regroupe les gîtes reliés à des processus hydrothermaux ou métasomatiques (*voir Clé* 59). On sait par exemple que les cheminées hydrothermales des fonds océaniques produisent des sulfures. Ce type de phénomènes est également responsable de gisements métallifères anciens, comme les immenses gîtes sulfurés de l'Abitibi au Québec, riches en cuivre, plomb, zinc et nickel.

Fumeur noir actif (site hydrothermal Logatchev), à 3 000 m de profondeur, sur la dorsale médio-atlantique

Prospection minière à la baguette (XVIe siècle)

Extrait de *De Re Metallica* (1556)

L'Allemand Georg Bauer (1494-1555), dit **Georgius Agricola**, est considéré comme le père de la métallogénie et de la métallurgie. Il s'établit à Chemnitz, au pied des monts Métallifères – ou Erzgebirge – à l'ouest de la Saxe, pour se consacrer pleinement à l'étude des métaux. Il est l'un des premiers minéralogistes à avoir développé une rigoureuse méthode d'observation et de déduction. Son ouvrage le plus célèbre, *De Re Metallica* (De la chose métallique), publié à Bâle un an après sa mort, est le premier ouvrage de référence sur les techniques minières et le travail du métal. Agricola y aborde tous les thèmes miniers, depuis la prospection jusqu'à la transformation des métaux, en passant par les méthodes d'extraction des minerais. Certaines des magnifiques gravures sur bois du livre seront reprises ou adaptées deux siècles plus tard dans les planches de *L'Encyclopédie* de Diderot et d'Alembert.

Georgius Agricola, le « Pline de la Saxe »

96 L'importance stratégique des gîtes métallifères est-elle comparable à celle des gisements de pétrole ?

Sans aucun doute, surtout depuis la fin du siècle dernier et l'explosion de la demande mondiale en minerais. De nombreux pays utilisent leurs réserves métalliques en tant qu'outils stratégiques. C'est le cas par exemple de la Chine qui exerce un quasi monopole sur les terres rares – une famille de dix-sept métaux indispensables à la fabrication de nombreux produits high tech – en assurant plus de 95 % de la production mondiale. La situation pourrait cependant bientôt changer. Le pays ne possède en effet que 50 % des réserves du globe et surexploite ses ressources. Un autre exemple est la Mongolie, dont *Le Figaro* faisait en 2010 le « nouvel eldorado minier ». En plein désert de Gobi, une ville-champignon de 10 000 habitants est sortie de terre près d'une mine exploitant la plus grosse réserve mondiale de cuivre, un métal promis à un bel avenir avec le développement des batteries électriques. À cela s'ajoutent d'immenses réserves d'uranium et de charbon. La Mongolie voit sa croissance augmenter tous les ans grâce à ses ressources minières et se sert de cet atout pour asseoir une solide position régionale entre la Chine, assoiffée de minerais, et la Russie. Et que dire de l'Afrique, qui représente environ 30 % des réserves de matières premières minérales non énergétiques ? Le continent africain a une longue histoire minière, liée à celle de la colonisation, mais reste encore sous-exploré et sous-exploité. La hausse récente des cours des matières premières a certes boosté le produit intérieur brut (PIB) des pays producteurs, mais sans grande incidence sur leur développement économique et social. Les convoitises suscitées par les richesses minières sont à l'origine de l'embrasement d'une partie du continent.

Jean de La Fontaine disait dans sa fable *Le cocher, le chat et le souriceau* : « *Garde-toi, tant que tu vivras, / de juger des gens sur la mine.* » Sage morale que devraient méditer les dirigeants des pays producteurs…

97 Comment les sulfures se transforment-ils en sulfates ?

Le soufre, élément essentiel à la vie, subit dans la nature un cycle chimique complexe entre roches, sols, océans et atmosphère. Dans les temps primordiaux, l'essentiel du soufre se trouvait dans les cristaux de pyrite (disulfure de fer) des roches magmatiques. L'altération en a transféré aux océans une grande partie sous forme de sulfates dissous. Les plantes transforment le sulfate en acides aminés sulfurés, que des bactéries réduisent en hydrogène sulfuré. Ce gaz se dégage dans l'atmosphère et alimente les océans, où il s'oxyde en sulfates. Le cycle du soufre présente également une phase volcanique (libération de composés soufrés dans l'atmosphère), des étapes sédimentaires (présence de soufre dans les évaporites, les hydrocarbures et les schistes pyriteux) et un stade hydrothermal, avec la formation de gisements à pyrite, blende (sulfure de zinc), galène (sulfure de plomb) et chalcopyrite (disulfure de fer et de cuivre).

Les processus d'altération des roches sont responsables de l'apparition de nouveaux minéraux, dits secondaires. Ceux-ci, en général facilement accessibles car situés à de faibles profondeurs, représentent une part importante des minerais. La transformation des minéraux sulfurés dans le sous-sol est une bonne illustration de ce type de phénomènes. Entre le sol et l'aquifère, il existe une zone de circulation d'eau, appelée *zone d'oxydation*. C'est à ce niveau que les sulfures (minéraux primaires) s'altèrent en sulfates et hydroxydes de fer (minéraux secondaires), lesquels, étant solubles, peuvent migrer et s'accumuler plus loin pour donner naissance à un gisement exploitable. C'est ainsi que se forment les gîtes connus sous le nom de *chapeaux de fer*, constitués principalement de limonite.

Galène (grands cristaux), blende (cristaux à fort éclat métallique) et dolomite (petits cristaux rose pâle). Tri-State Mining District (Newton County, Missouri, États-Unis)

98 Quels gisements pour l'électronique ?

Une gîtologie de métaux rares, assortiment d'éléments chimiques peu connus du grand public. Pourtant, ni *Smartphone*, ni console de jeux, ni imagerie médicale sans *gallium*, un métal argenté qui fond dans la main, présent en trace dans les mines de bauxite et de zinc ; aucun écran LCD sans *indium*, un métal gris malléable, présent en infime quantité dans les mines de zinc ; pas de fibres optiques sans *germanium*, un autre sous-produit des mines de zinc, et sans *antimoine*, qui n'est pas le contraire d'un bénédictin, mais un métal blanc cassant, retardateur de feu, également utilisé pour faire scintiller les feux d'artifice.

Il a été question en *Clé 96* des terres rares chinoises et des convoitises que suscitent les minerais africains. Il en est un qui cristallise tout particulièrement les tensions en Afrique centrale : le *coltan*, acronyme pour COLombo-TANtalite. Il s'agit d'une roche rougeâtre, constituée de deux minéraux rares : la colombite et la tantalite. Le coltan est le principal minerai de *niobium*, utilisé pour la fabrication d'aciers spéciaux et de superalliages, et surtout de *tantale*, sans lequel les ordinateurs et les appareils électroniques mobiles seraient dépourvus de condensateurs, et les écrans plats, de cristaux liquides. La forte demande mondiale fait du coltan un minerai bien plus rentable que l'or. Depuis plus d'une décennie, la République démocratique du Congo (RDC) est à feu et à sang, en partie à cause du tantale. Le cours particulièrement élevé du coltan au début des années 2000 a favorisé le développement dans ce pays d'un trafic illicite, au bénéfice à la fois de l'armée nationale et des groupes rebelles, lesquels se sont entretués pour le contrôle des mines. Ce conflit oublié est responsable de plusieurs millions de morts, ce qui en fait l'un des plus meurtriers depuis la Seconde Guerre mondiale. Il faut ajouter à ce décompte macabre des millions d'autres décès, principalement d'enfants, à la suite d'accidents survenus lors de l'extraction sauvage de coltan. Mais les choses évoluent. La filière électronique internationale boycotte le minerai congolais depuis 2011. Cela fait que nos téléphones

Échantillon de Tantalite de Pilbara (Australie)

portables ne contiennent probablement plus de tantale sanglant. Il était temps...

99 Les pierres et les métaux avant l'histoire, un substitut à l'écriture ?

L'humanité d'avant les textes est, d'une certaine manière, racontée par les pierres façonnées et des outils métalliques, qui chapitrent le grand livre de l'évolution culturelle des hommes. La préhistoire – ou âge de la pierre – s'étend de l'apparition du genre *Homo*, vers 2,6 millions d'années, à l'invention de l'écriture, vers 3000 av. J.-C. Une durée infiniment plus longue que celle des trois âges des métaux, caractérisant la protohistoire (en Europe occidentale : de 2500 av. J.-C. jusqu'à la conquête romaine). Les industries lithiques de la préhistoire ne sont pas toujours associées à des espèces humaines spécifiques. Une même culture peut caractériser plusieurs espèces et on ignore parfois qui est l'artisan. Par exemple, le Moustérien du Paléolithique moyen est généralement présenté comme l'industrie des hommes de Néandertal, mais cela n'est vrai qu'en Europe : les outils moustériens du Proche-Orient, de même âge et de même facture, ont été produits par des hommes anatomiquement modernes. Et que dire du Châtelperronien, la manifestation culturelle qui marque en France la transition entre Paléolithique moyen (période de l'homme de Néandertal) et Paléolithique supérieur (période

Les industries lithiques de la préhistoire

Paléolithique inférieur
Oldowayen (3 millions d'années – 1,7 million d'années) : galets aménagés, nucléus
Acheuléen (1,7 million d'années – 300 000 ans) : bifaces, hachereaux
Paléolithique moyen
Moustérien (300 000 ans – 40 000 ans) : outils sur éclats (racloirs, grattoirs) à débitage complexe
Paléolithique supérieur
Châtelperronien (40 000 ans – 38 000 ans) : pointes débitées à la pierre tendre
Aurignacien (38 000 ans – 34 000 ans) : lames et lamelles retouchées, parfois à encoches
Gravettien (34 000 ans – 25 000 ans) : lames droites en silex, petites pointes, burins
Solutréen (26 000 ans – 23 000 ans) : bifaces fins (« feuilles de laurier »), pointes à cran
Magdalénien (23 000 ans – 11 000 ans) : miniaturisation
Néolithique (11 000 ans – 5 300 ans) : pierre polie, mégalithisme
Les divisions des derniers 50 000 ans s'appliquent à la préhistoire en France (âges calibrés avant le Présent ou cal BP, d'après Jacques Jaubert) ; à noter que de nombreux auteurs placent le Châtelperronien dans le Paléolithique moyen.

de l'homme de Cro-Magnon) ? Si des restes néandertaliens ont été découverts associés à des outils typiques de cette industrie, certains préhistoriens demeurent dubitatifs. En effet, le Châtelperronien est plus proche de la culture aurignacienne de l'homme de Cro-Magnon que du Moustérien des Néandertaliens. Serait-on alors en présence d'une acculturation de ces derniers au contact des hommes modernes ? Fascinant mystère !

La protohistoire, aux bornes chronologiques variables en fonction des régions, concerne les peuples sans écriture contemporains des premières civilisations historiques. Elle débute par l'Âge du cuivre (vers 2500 av. J.-C. en Europe occidentale), période durant laquelle un artisanat de cuivre, d'or et d'argent coexiste avec celui de la pierre.

La Rocque Saint-Christophe (24), plus grand et plus ancien site rupestre d'Europe occidentale

Les abris sous-roche, habités depuis 55 000 ans, par des Néandertaliens puis par des hommes de Cro-Magnon, ont été utilisés jusqu'au XVIe siècle : ce sont des cavités naturelles disposées le long de la stratification, sous d'épais bancs de calcaire crétacé

La découverte des alliages de cuivre et d'étain (vers 2200 av. J.-C. en France) donne naissance à la métallurgie du bronze et à l'Âge du même métal. La dernière période protohistorique, l'Âge du fer, s'étend en France de 800 à 52 av. J.C. Elle correspond à une avancée technique majeure, nécessitée par la métallurgie du fer : la mise au point de fours pouvant atteindre une température de 1500 °C.

100 Quelles pierres et quels métaux pour bâtir les Sept Merveilles du monde antique ?

« Mostapha ! J'attends la copie ! »
Mostapha ? Une copie à rendre ? Ça y est ! Vous vous dites que l'auteur, épuisé par une rédaction interminable, vient de craquer... Mais non ! Cette expression est simplement un moyen mnémotechnique pour se souvenir de la liste des Sept Merveilles du monde antique : mausolée d'Halicarnasse, statue chryséléphantine de Zeus, phare d'Alexandrie, jardins suspendus de Babylone, temple d'Artémis, colosse de Rhodes, pyramide de Khéops. On peut supposer que des matériaux de choix ont été utilisés pour bâtir ces célèbres monuments. Qu'en est-il exactement ?
Le tombeau de Mausole à Halicarnasse (Carie, en Turquie actuelle) était un bâtiment en marbre de plus de 50 mètres de hauteur, surmonté d'un quadrige sculpté dans la même pierre. Il a été érigé vers 350 av. J.-C.
La statue de Zeus à Olympie (Grèce) était une œuvre en or et ivoire – ce qui est la signification de l'adjectif « chryséléphantine » qualifiant la statue – de 12 mètres de haut, réalisée par le fameux sculpteur athénien Phidias. Elle a été construite vers 435 av. J.-C.
Le phare d'Alexandrie (Égypte) a été édifié au début du IIIe siècle av. J.-C. C'était une bâtisse de trois étages haute de 135 mètres. Le matériau de construction était un calcaire blanc local. On a retrouvé immergés près de l'île de Pharos d'immenses blocs en granite d'Assouan (11 mètres de haut pour une masse de plus de 70 tonnes), qui devaient correspondre à des éléments d'encadrement de l'entrée du phare.
On ne sait pas grand-chose des jardins suspendus de Babylone (Irak), qui auraient été construits par Nabuchodonosor II au VIe siècle av. J.-C. Selon le géographe grec Strabon, ils auraient été supportés par des piliers et des arcades en brique.

Le temple d'Artémis à Éphèse (Ionie, près de Selçuk en Turquie actuelle), bâti vers 560 av. J.-C., était en marbre. Il en reste des ruines.

Le colosse de Rhodes était une statue de bronze d'une trentaine de mètres de haut, ce qui représente les deux tiers de la statue de la Liberté. Il a été érigé sur l'île grecque de Rhodes vers 292 av. J.-C. Les immenses plaques de bronze ayant recouvert le squelette de bois du colosse furent pour la plupart importées, l'île ne possédant pas assez de fonderies pour produire du métal en quantité suffisante.

Enfin, la pyramide de Khéops à Gizeh (Égypte), seule des Sept Merveilles encore visible, est pourtant la plus ancienne de la liste puisqu'elle remonte au XXVIe siècle av. J.-C. Elle est constituée de blocs de calcaire de 2,5 tonnes de masse moyenne. Avec une hauteur de 137 mètres – 147 mètres initialement – et une masse totale de 5 millions de tonnes, la pyramide constitue « le plus gros tas de calcaire à nummulites du monde » (dixit Pierre Thomas). Les nummulites en question sont des fossiles de foraminifères tertiaires, en forme de petits disques de la taille d'une pièce de monnaie.

La grande pyramide de Gizeh ou pyramide de Khéops, seule des Sept Merveilles de l'Antiquité encore visible

Béraunite de Fumade (81)

100 clés pour comprendre les roches et les minéraux

Sous nos pieds, la Terre

Spaceland ou le monde de la géométrie pure : les cristaux

Filles du feu et des entrailles : les roches magmatiques

De la Lune à Vesta, les (vieilles) roches extraterrestres

Mon précieux... !

Sources d'énergie fossiles et fissiles

Carrière ou mine, il faut choisir !

Glossaire

Actualisme (n.m.) : théorie selon laquelle les lois naturelles régissant les phénomènes géologiques actuels ne diffèrent pas fondamentalement de celles du passé de la Terre.
Altération (n.f.) : transformation chimique de certains minéraux d'une roche par les agents atmosphériques. L'altération a pour effet de rendre les roches moins cohérentes et de faciliter ainsi l'érosion.
Amphibole (n.f.) : minéral silicaté hydroxylé en prismes allongés, parfois en aiguilles (amiantes bleu et brun). Courant dans les roches magmatiques et métamorphiques.
Amphibolite (n.f.) : roche métamorphique dérivée d'un basalte ou d'un gabbro qui s'est équilibré à moyenne pression (0,2-1,2 gigapascals) et moyenne température (400-650 °C).
Andésite (n.f.) : lave de composition intermédiaire entre un basalte et un granite, très fréquente dans les arcs insulaires.
Automorphe (adj.) : qualifie un cristal limité par des faces cristallines planes (contraire de xénomorphe, qui s'applique à un cristal dont la croissance a été gênée par ses voisins).
Brèche (n.f.) : roche constituée d'éléments anguleux baignant dans un ciment fin.
Concrétion (n.f.) : épaississement par accumulation de matière autour d'un nucleus ou sur une surface.
Craton (n.m.) : domaine continental stable où les roches, déformées au Précambrien, n'ont pas été affectées par des plissements plus récents, hercyniens ou alpins.
Diapir (n.m.) : matière à comportement plastique qui remonte à travers une épaisseur de terrain par différence de densité (par exemple : un dôme de sel traversant des couches sédimentaires). S'applique aussi à un magma ascensionnel à travers un autre magma de densité plus importante ou une épaisseur de terrain (granite).
Feldspath (n.m.) : minéral alumino-siliceux calcosodique (plagioclase) ou potassique (feldspath potassique ou alcalin). C'est le minéral le plus abondant (en volume) de la croûte terrestre.
Gisement (n.m.) : toute masse minérale pouvant être exploitée avec profit. La notion de gîte minéral – presque synonyme – s'applique préférentiellement aux gisements métallifères. La gîtologie se réfère à l'étude des gîtes minéraux.
Grenat (n.m.) : minéral silicaté du système réticulaire cubique. On distingue une famille calcique et une famille alumineuse. Courant dans de nombreuses roches magmatiques et métamorphiques. Connu en joaillerie sous le nom d'escarboucle.
Hercynien (adj.) : qualifie une chaîne de montagne formée au cours de la seconde partie de l'ère primaire.
Hydrothermalisme (n.m.) : se rapporte à des circulations d'eaux chaudes dans des fractures, en relation avec un événement magma-

tique. Les eaux hydrothermales peuvent déposer des minéraux en concrétions ou dans des filons.

Intrusion (n.f.) : roche résultant d'une pénétration dans une formation géologique préalablement constituée : diapir de roche saline, filon magmatique ou hydrothermal, pluton granitique.

Isotope (n.m.) : variété atomique caractérisée par un nombre de neutron – c'est-à-dire une masse – spécifique.

Lycophytes (n.m.p.) : groupe de plantes vasculaires apparu au Dévonien, possédant un rhizome (partie souterraine de la tige) et de petites feuilles sessiles à une seule nervure, dont certaines portent un sporange (sac contenant des semences ou spores).

Mica (n.m.) : minéral silicaté et hydroxylé en feuillets, formant des prismes aplatis à clivages parfaits. On distingue les micas noirs ferromagnésiens (groupe de la biotite) et les micas blancs alumineux (groupe de la muscovite). Courant dans les roches sédimentaires, les roches métamorphiques et les granites.

Olivine (n.f.) : minéral silicaté ferromagnésien, du système réticulaire orthorhombique. Caractéristique des péridotites du manteau terrestre, des gabbros et des basaltes. Connue en joaillerie sous le nom de péridot.

Pegmatite (n.f.) : roche magmatique silicatée à très grands cristaux de quartz, feldspath et mica, se présentant généralement sous forme de filons situés en périphérie des plutons granitiques. Les pegmatites peuvent contenir des minéraux riches en éléments chimiques économiquement intéressants (apatite, tourmaline, béryl, topaze, etc.)

Polymorphe (adj.) : concerne des minéraux de même composition chimique mais ayant cristallisé dans des systèmes réticulaires différents (par exemple : calcite et aragonite).

Ponce (n.f.) : roche volcanique vitreuse, très poreuse et de très faible densité (flotte sur l'eau). Issue de la fragmentation d'un magma visqueux (dacite, rhyolite ou trachyte) lors d'une éruption explosive de type vulcanienne ou plinienne.

Pyroxène (n.m.) : minéral silicaté ferromagnésien caractéristique des roches magmatiques gabbroïques, basaltiques, ou de composition intermédiaire (andésite, dacite, diorite).

Quartz (n.m.) : minéral de silice pure, cristallisant dans le système réticulaire hexagonal. Très fréquent dans les roches métamorphiques, sédimentaires, hydrothermales et dans les roches magmatiques riches en silice. Généralement incolore, le quartz peut prendre une couleur violette (améthyste), jaune (citrine) ou peut présenter un aspect enfumé à cause d'inclusions radioactives.

Sauropsides (n.m.p.) : ensemble d'animaux regroupant les reptiles (terme vieilli) et les oiseaux.

Schiste (n.m.) : roches métamorphiques à texture fine ayant acquis un débit (ou schistosité) sous l'influence de contraintes tectoniques. Les schistes ardoisiers, durs, très homogènes, à grain fin et à débit régulier, sont d'anciennes argilites.

Pour en savoir plus

Livres

Beaux J.-F., Platevoet B., Fogelgesang J.-F., 2012. *Atlas de pétrologie. Les minéraux et roches en 68 fiches et 360 photos et schémas*. Dunod, 144 p.

Bonin B., 1999. *Pétrologie*. Nathan, 128 p.

Caroff M., Lefort B., Rotteleur M., 2014. *Les fossiles ont la vie dure!* Gulf Stream éditeur, 85 p.

Caroff M., Montaigne M., Rotteleur M., 2012. *Les pierres qui brûlent, qui brillent, qui bavardent*. Gulf Stream éditeur, 85 p.

Demange M., 2009. *Minéraux des roches*. Presses de l'École des Mines, 174 p.

Foucault A., Raoult J.F., 1980 (et rééditions). Dictionnaire de géologie. Masson, 347 p.

Lagabrielle Y., Maury R.C., Renard M., 2013. *Mémo visuel de géologie*. L'essentiel en fiches. Dunod, 252 p.

Mattauer M., 1998. *Ce que disent les pierres*. Belin, 143 p.

Nicollet C., Laverne C., 2012. *À la recherche des océans disparus dans les montagnes françaises*. Éditions Quæ, 96 p.

Roberts J.L., 2006. *Minéraux, roches et fossiles*. Broquet, 128 p.

Symes R.F., 2002, 2009. *Roches et minéraux*. Gallimard Jeunesse, 72 p.

Sites Internet

http://www2.ggl.ulaval.ca/personnel/bourque/intro.pt/planete_terre.html
http://ambre.jaune.free.fr/
http://www.carionmineraux.com
http://christian.nicollet.free.fr/
http://www.crpg.cnrs-nancy.fr/Science/Collection/
http://www.dinosauria.org/blog/
http://www-iuem.univ-brest.fr/ldo/fr
http://libraryphoto.cr.usgs.gov/
http://martial-caroff.e-monsite.com
http://www.micromineral.org/
http://www.mindat.org/
http://www.mrn.gouv.qc.ca/tresor-sous-nos-pieds/roche/tresor-roche-quebec.jsp
http://www.nasa.gov/multimedia/imagegallery/index.html
http://planet-terre.ens-lyon.fr/
http://www.volcanol.fr/mineraux.php

Crédits photographiques

Couverture : **Plat I**. Cristaux de soufre et de célestine de Racalmuto (Italie) – Largeur : 3 cm – Collection du Département des sciences de la Terre de l'université de Brest – © l'auteur ; **Plat IV**. **1**. Éclogite à smaragdite (amphibole verte) du Lago Superiore, Monte Viso (Italie) – Hauteur : 4 cm – Échantillon Arnaud Agranier – © l'auteur ; **2**. Érythrite d'Ightem (Ouarzazate, Maroc) – Hauteur : 2,5 mm – © Serge Lavarde (collection et photographie) ; **3**. Lame mince d'un gabbro précambrien de Guernesey (Saint-Peter's Port) – Hauteur : 2 mm – © Nolwenn Coint.
Sommaire : **détouré** : Ambre dominicain avec inclusions d'insectes (40-25 millions d'années) – Vassil (CC0 1.0) ; **1**. Lame mince d'un basalte de Ua Huka (Marquises, Polynésie française) montrant une olivine partiellement incluse dans un pyroxène, en lumière polarisée et analysée – Longueur de l'olivine : 0,5 mm – © l'auteur ; **2**. Wulfénite de la mine de Cortijo del Humo (Albuñuelas, Grenade, Espagne) – Longueur moyenne d'un cristal : 1 mm – © Serge Lavarde ; **3**. Béraunite de Fumade (81) – Longueur d'un ensemble cristallin : 0,5 mm – © Serge Lavarde.
Avant-propos : © Serge Lavarde (collection et photographie).
Chapitre 1 : **entrée de chapitre** : © Nolwenn Coint ; **Question 1** : *www.wpclipart.com/rocks_minerals* (domaine public) ; **Question 2** : Département des sciences de la Terre, université de Brest – © l'auteur ; **Question 4** : **1**. Gravure d'après un dessin d'Edme Bouchardon pour l'*Histoire naturelle* de Buffon, 1749, **2**. © Carole Cordier, d'après W.B.F. Ryan et coll. (2009), **3**.-**4**. © l'auteur ; **Question 5** : © l'auteur ; **Question 7** : **1**.-**2**. © l'auteur, **3**. © Pascale Inzerillo (INRA) ; **Question 8** : © L. Carion (*www.carionmineraux.com*) ; **Question 9** : Parent Gery (CC0 1.0) ; **Question 10** : **1**. © Nolwenn Coint, **2**. © Carole Cordier.
Chapitre 2 : **entrée de chapitre** : © Serge Lavarde ; **Question 12** : Infographie de l'auteur, avec les photographies de : **1**. © Serge Lavarde et **2**. © L. Carion (*www.carionmineraux.com*) ; **Question 13** : **1**. © L. Carion (*www.carionmineraux.com*), **2**. © Rob Lavinsky, *iRocks.com*, CC-BY-SA-3.0 ; **Question 14** : **1**. Dessin de l'auteur d'après Michel Dubois, université de Lille-1, **2**. Domaine public ; **Question 15** : Ben Mills (CC0 1.0), modifié par l'auteur ; **Question 16** : © Carole Cordier ; **Question 17** : **1**. © l'auteur, **2**.-**3**. © L. Carion (*www.carionmineraux.com*), **4**. © Serge Lavarde ; **Question 18** : © L. Carion (*www.carionmineraux.com*) ; **Question 20** : U.S. Geological Survey Photographic Library – ID. Schaller, W.T. 66.
Chapitre 3 : **entrée de chapitre** : U.S. Geological Survey Photographic Library – ID. HVO 85ct ; **Question 21** : U.S. Geological Survey Photographic Library ; **Question 24** : © l'auteur ; **Question 25** : **1**. D'après Cas et Wright (1987), **2**. Luigi Chiesa (CC0 1.0), modifié par l'auteur ; **Question 27** : **1**. U.S. Geological Survey Photographic Library – Photographie D.R. Mullineaux – ID. Mount St. Helens - PP 1250 1, **2**. U.S. Geological Survey Photographic Library – Photographie Lyn Topinka – ID. CVO-B. 2ct, **3**. *http://ostarc.blogspot.fr/*, **4**. Angelo Heilprin, 1902 ; **Question 28** : **1**. © Laurent Deschodt, 2003 (CC-BY-2.5), **2**. Dessin de Pietro Fabris (1776), coloré à la gouache à l'époque, extrait de la Planche VI du *Campi Phlegraei, Observations on the Volcanoes of the Two Sicilies* par William Hamilton (1776) ; **Question 29** : © l'auteur ; **Question 30** : © Alain Coutelle.
Chapitre 4 : **entrée de chapitre** : U.S. Geological Survey Photographic Library – ID. Colton, R.B. 607ct ; **Question 31** : Dessins de l'auteur d'après : **1**. Pierre-André Bourque, université de Laval (Canada) et **2**. Götz Bokelmann, université de Montpellier ; **Question 32** : © l'auteur ; **Question 33** : Dessin de l'auteur ; **Question 35** : © Muriel Vidal ; **Question 36** : **1**. A. Millot pour *Éléments de géologie* de Gaston Bonnier, 1894 – Document coloré (infographie) pour la présente édition, **2**. © l'auteur, **3**. Coupe de l'auteur d'après J.G. Astruc et coll. (1994), **4**. © l'auteur ; **Question 37** : **1**. © Alison R. Taylor – *PLoS Biology*, 9(6), 2011 (CC-BY-2.5), **2**. *La falaise d'Étretat* de Gustave Courbet – Von der Heydt Museum (Wuppertal, Allemagne) ; **Question 38** : Échantillon Pascal Tieffenbach – © l'auteur ; **Question 39** : © Bruno Granier.

Chapitre 5 : **entrée de chapitre** : © Maxime Hoffman ; **Question 41** : **1**. © Éric Geirnaert (*http://ambre.jaune.free.fr*), **2**. © l'auteur ; **Question 42** : © l'auteur ; **Question 43** : Mary Ellen Mine, Mesabit Range, St. Louis County, Minnesota (États-Unis) – Houston Museum of Natural Science, Texas (États-Unis) – CC0 1.0 ; **Question 44** : Planche extraite de *Smithsonian Miscellaneous Collections*, vol. 57, n°2, Charles D. Walcott (1911) – United State public domain ; **Question 46** : **1**. Houston Museum of Natural Science, Houston, Texas, (États-Unis) – Daderot (CC0 1.0), **2**. © l'auteur ; **Question 47** : Leslie Connell, avec l'aimable autorisation de National Scenic Byways Online (*www.byways.org*) ; **Question 48** : Collection Horst Heising – © Amicale paléo-minéralogique de Brest Bellevue ; **Question 50** : Graphique de l'auteur, d'après les données de Rohde & Muller (2005).
Chapitre 6 : entrée de chapitre : © L'auteur ; **Question 51** : **1**.-**2**. © Nolwenn Coint, **3**. Département des sciences de la Terre, université de Brest – © l'auteur ; **Question 52** : Département des sciences de la Terre, université de Brest – © l'auteur ; **Question 53** : Dessins de l'auteur, d'après J.-P. Bard (1980) et J.-M. Caron et coll. (1992) ; **Question 54** : Graphique de l'auteur, d'après Michel Ballèvre (2013) ; **Question 55-56** : Département des sciences de la Terre, université de Brest – © l'auteur ; **Question 57** : © l'auteur ; **Question 58** : Extrait modifié de la carte géologique BRGM au 1/50 000 de Saint-Girons (1976) – Tracés : C. Castaing et L. Roux ; **Question 59** : Dessin de l'auteur, d'après R.J. Stern (2002) ; **Question 60** : © l'auteur (collection et photographie).
Chapitre 7 : **entrée de chapitre** : NASA/JPL/University of Arizona ; **Question 61** : Montage de l'auteur, sources diverses ; **Question 62** : Domaine public ; **Question 63** : **1**. NASA/JPL-Caltech/UCAL/MPS/DLR/IDA, **2**. NASA ; **Question 64** : **1**. NASA/JPL-Caltech, **2**. Myrabella (CC0 1.0) ; **Question 65** : **1**.-**2**. Domaine public ; **Question 67** : L. Bindi et coll. (2012) – PNAS, 109, n°5, p. 1396-1401 (*http://www.pnas.org/content/109/5/1396*) ; **Question 68** : NASA/JPL/University of Arizona ; **Question 69** : NASA – J.P.L. Cornell ; **Question 70** : Haven Giguere/Yale University/NASA.
Chapitre 8 : **entrée de chapitre**, page de gauche : © Sylvain Blais (collection et photographie), page de droite : Parent Géry (CC0 1.0) ; **Question 71** : Département des sciences de la Terre, université de Brest – © l'auteur ; **Question 72** : Extrait d'une planche de la section « Joaillerie » de l'*Encyclopédie* de Diderot et D'Alembert (1751-1772) ; **Question 73** : **1**. Luc Yen Mine, Vietnam – Parent Géry (CC0 1.0), **2**. Parent Géry (CC0 1.0) ; **Question 74** : **1**. Domaine public, **2**. Parent Géry (CC0 1.0) ; **Question 75** : © Royal Tyrrell Museum (Alberta, Canada) ; **Question 76** : U.S. Geological Survey Photographic Library ; **Question 77** : Extrait d'une planche de la section « Orfèvrerie » de l'*Encyclopédie* de Diderot et D'Alembert (1751-1772) ; **Question 78** : Département des sciences de la Terre, université de Brest – © l'auteur ; **Question 79** : Daniel Torres, Jr – *Wikimedia Commons* (domaine public).
Chapitre 9 : **entrée de chapitre** : Département des sciences de la Terre, université de Brest – © L'auteur ; **Question 81** : Dessin de l'auteur ; **Question 83** : **1**. © Nolwenn Coint ; **2.** Traduit avec la permission de Macmillan Publishers Ltd – Nature, vol. 477, 15 septembre 2011 ; **Question 84** : *http://openclipart.org* (domaine public) ; **Question 86** : **1**. Département des sciences de la Terre, université de Brest – © l'auteur, **2**. Extrait de la planche 56 de *La géologie et la minéralogie dans leurs rapports avec la théologie naturelle* par William Buckland (1838) ; **Question 87** : Extrait d'une planche de la section « Agriculture » de l'*Encyclopédie* de Diderot et D'Alembert (1751-1772) ; **Question 89** : **1**. Geomartin (CC0 1.0), **2**. © Serge Lavarde ; **Question 90** : Oak Ridge National Laboratory.
Chapitre 10 : **entrée de chapitre** : Extrait de *De Re Metallica* de Georgius Agricola (1556), dans la réédition de Hoover (1913), pour laquelle les estampes sur bois ont été regravées ; **Question 91** : U.S. Geological Survey Photographic Library – ID. Carrara, P. 195ct ; **Question 92** : **1**. Extrait de *De Re Metallica* de Georgius Agricola (1556), dans la réédition de Hoover (1913), **2**. Planche (gravure sur cuivre) de la

section « Histoire naturelle » de l'*Encyclopédie* de Diderot et D'Alembert (1751-1772) ; **Question 94** : Département des sciences de la Terre, université de Brest – © l'auteur ; **Question 95** : **1**. © Ifremer, Serpentine 2007, **2**. Extrait de *De Re Metallica* de Georgius Agricola (1556), dans la réédition de Hoover (1913) ; **Question 97** : Département des sciences de la Terre, université de Brest – © l'auteur ; **Question 98** : Andrew Silver – PD-USGOV-INTERIOR-USGS ; **Question 99** : © l'auteur ; **Question 100** : © Nina (CC-BY-2.5).

P. 173 : Béraunite (phosphate hydraté de fer) de Fumade (81) – Longueur d'un ensemble cristallin : 0,5 mm – © Serge Lavarde.

P. 174. Épanchement de lave du Kilauea (Hawaii, États-Unis) – U.S. Geological Survey Photographic Library

P. 178. Tridymite de Bellerberg (Eifel, Allemagne) – Plus grande largeur du cristal : 1,1 mm – © Serge Lavarde

Édition et coordination : Nelly Courtay
Mise en page et infographie : Clarisse Robert - PAGISSIME

Impression : BETA Barcelone
Dépôt légal : juin 2014